600号 心理 | 总主编 **谢 斌**

轻松上班

打工人心病处方

主编 **曾庆枝 李黎**

内容提要

本书是上海市精神卫生中心专家给平凡打工人的心理疗愈手册。书中挑选了职场打工人最关注的心理议题，通过心理案例、心理关键词解析、预防或调节方式等板块，为打工人提供切实有效的心病处方。希望通过心理专家的分析和支招，可以让处于职场不同阶段的读者收获良好的心理感受，重拾初心，为梦想的事业而奋斗。

图书在版编目（CIP）数据

轻松上班：打工人心病处方 / 曾庆枝，李黎主编. 上海：上海交通大学出版社，2024.8（2025.4重印）--（“600号心理”系列丛书 / 谢斌总主编）. -- ISBN 978-7-313-30985-3

Ⅰ. B842.6-49

中国国家版本馆CIP数据核字第2024WH7115号

轻松上班：打工人心病处方

QINGSONG SHANGBAN: DAGONGREN XINBING CHUFANG

主　　编：曾庆枝　李　黎

出版发行：上海交通大学出版社　　地　　址：上海市番禺路951号

邮政编码：200030　　电　　话：021-64071208

印　　制：上海盛通时代印刷有限公司　　经　　销：全国新华书店

开　　本：880 mm × 1230 mm　1/32　　印　　张：9

字　　数：164千字

版　　次：2024年8月第1版　　印　　次：2025年4月第3次印刷

书　　号：ISBN 978-7-313-30985-3

定　　价：68.00元

编委会名单

总主编

谢　斌

主　编

曾庆枝　李　黎

副主编

乔　颖　李　煦

编　委

（按拼音顺序排列）

陈　静　程呈斌　牛小娜　沈　洁　孙　扬

王　琰　王文政　张　洁　张少伟　赵雅娟

序

走出学校，拿到心仪的OFFER，正式进入职场打拼……人生的剧本演到这里，有人进入了正题，渐入佳境；有人像是拿错了剧本，日渐迷茫；也有人最终无法承受，选择逃避。

常说“人生如战场”，但战场对大部分人来说毕竟是陌生的。多数人的人生，其实更像是职场：不只有得失、输赢，还有酸甜苦辣、春夏秋冬、阴晴圆缺……当然也有生老病死。

健康的人生少不了心理健康。健康的职场更离不开心理健康。在安全防护、劳动保障等条件普遍得到极大改善的今天，“职业病”等与工作直接相关的躯体疾病患病风险大大降低，但“职业倦怠”等与工作直接相关的心理健康问题却在全球持续增多，已经引起全社会高度关注。2021年，美国一项针对1 500名来自营利性、非营利性组织和政府部门员工的调查发现，76%的受访者报告有至少一种心理健康方面的症状，较两年前增加了17%；84%的受访者表示，至少有一个不良的职场因素（如：工作环境压抑、工作与生活的冲突、缺乏认可）对其心理健康产生了负面影响。中国科学院心理研究所发布的《中国国民心理健康发展报告（2021 ~ 2022）》显示，

37.7%的调查对象自我感觉存在工作倦怠，10.8%的调查对象报告有严重倦怠。

流行于网络和职场人群中间的各种“热词”“热梗”，也间接反映着这个群体的心理状态（尽管不一定是真实的生存状态）。对它们背后的心理现象，尤其是相关的心理行为问题加以归纳和分析，提出应对的策略措施，是所有陷于其中的“打工人”们的“刚需”，也是心理健康专业人员的职责所在。被广大网民亲切地唤作“暖心之家（sweet home）”的“宛平南路600号”（上海市精神卫生中心）的专家们，对此责无旁贷。

需要强调的是，职场心理健康问题几乎唯一的促发因素，就是职场压力。掌握提升职场幸福感的自助技术虽然可以提升压力耐受性，但它们并不能触及问题的核心。最需要改变的，是压力的来源，即需要改变“有毒”的工作环境、职场文化等。这就涉及更为宏观和系统的问题。

作为“600号心理”科普系列的这本小书，撷取了一些大众熟知的职场心理关键词，以个案展开，不仅解释了心理现象及其成因、影响因素，而且贴心地开出了自助和互助的“心病处方”。对于喜欢“对号入座”的打工人读者来说，读了此书就可以感受到身处精神卫生工作一线的作者们满满的诚意和暖意，因为他们不仅有作为专业人士的经验和知识，而且有同样作为职场人士的感悟与共情。

开展职场心理健康科普或许出自本书作者团队的职业敏

感与职业责任感。因为他们知道，无论是提升心理耐受力还是为职场“减毒”甚至“消毒”，在使打工人群体的心理健康问题得到有效预防、幸福感得到显著提升的基础上，最终受益的都不仅是员工个人及其家庭，还有其所在的集体、组织、社区，乃至整个社会。因此无论从哪个角度看，这都是一个公共精神卫生的命题。正如世界卫生组织（WHO）所呼吁的：职场心理健康——不是可有可无，而是必须。

谢　斌

上海市精神卫生中心主任医师

上海交通大学心理学博士生导师

中华预防医学会精神卫生分会主任委员

中国心理卫生协会监事长

目录

导言

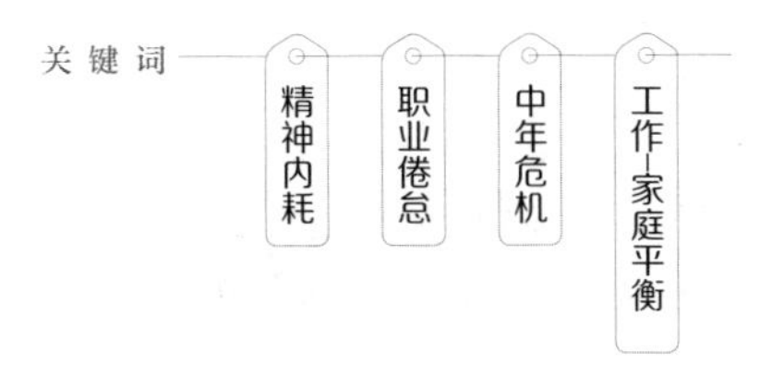

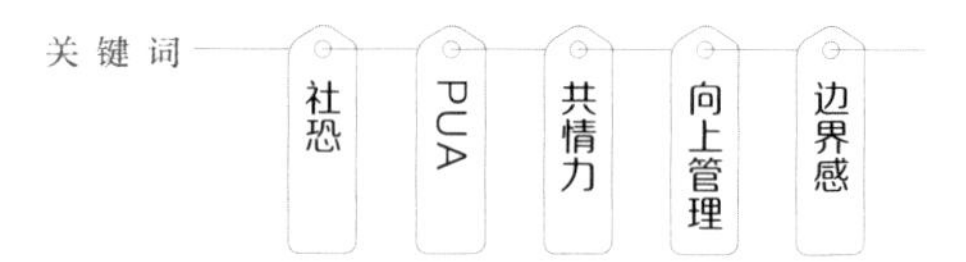
关键词
社恐
PUA
共情力
向上管理
边界感

关键词
睡眠拖延
抑郁症
松弛感
心身疾病

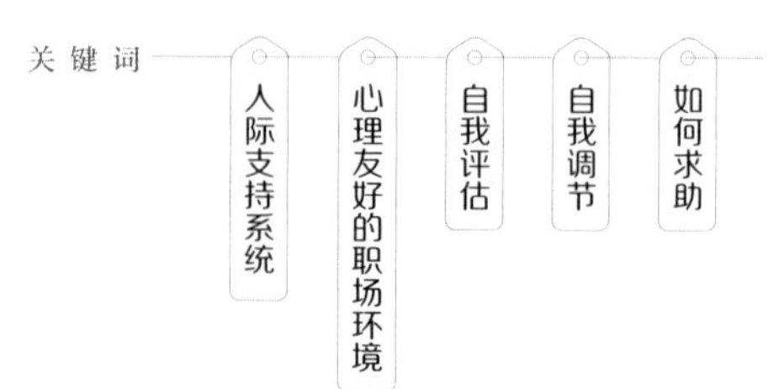
关键词
人际支持系统
心理友好的职场环境
自我评估
自我调节
如何求助

导 言

作为打工人，你值得更多关爱

亲爱的读者，你知道全球有多少人在工作吗？据统计，这个地球六成人口平均花费生命四分之一的时间在工作，而工作对于我们到底意味着什么呢？也许对我们大多数职场打工人来说，工作是经济来源，是生活的底气，但工作的意义绝不止如此，它还是个人实现生命价值和意义的途径：医生挽救他人的生命，环卫工人为城市提供干净的环境，教师传道授业解惑，作家创作出发人深省的文学作品……；同时，工作也是社会关系的重要出发点，人生中很多关系都是从工作中拓展出来的，在工作中，我们找到了合作者、朋友、爱人……，所以职场是学校、居住地之外我们和其他人发生关联的重要联结点。工作让我们在获得收入的同时也获得了对自身社会角色、社会关系和社会价值的认知，而这些都与心身健康和幸福感密切相关。可以说，工作能帮助我们提升幸福感，是心身健康的保护因素。但是，要实现工作对我们心身健康的保护，至少包含两个条件：一是能主动关注自己的心身状态，掌握提升心身健康、预防疾病的知识和技能；二是让自己在一个能保障安全和收入、有支持性的人际关系、能充分发挥个人能力和价值、个人努力和需求能被看见和认可的环境里工作。如果不具备这两个条件，工作可能不仅起不到促进心理健康的作用，反而会成为心身压力的主要来源之一，而当职场压力与生活中的其他压力叠加在一起，则会增加打工人发生心身健康问题的风险。

2022年世界卫生组织发布的精神卫生工作报告中，将职场群体和儿童青少年群体的心理健康共同列为未来需要重点加强的工作领域。为什么要把看似处于整个生命周期中最“健康”、最“强壮”阶段的职场群体放在和儿童青少年同样重要的位置呢？我想有四个非常充分的理由：

第一，这个最“健康”、最“强壮”的群体是社会经济文化发展的中坚力量，承担着整个社会最艰巨的任务，需要健康的身心才能承担起这样的重大使命。这个群体若是倒下了，整个社会面临的结局很可能是崩溃，相当于一座大厦失去了顶梁立柱，坍塌是最终宿命。

第二，职场群体不只是职场人、社会人，同时也是家庭人，护佑着家庭中的老小，是生命周期两端的守护者。如果职场群体身心不健康，不仅不能守护家庭其他成员，还可能增加家庭经济负担，并成为整个家庭身心压力的来源，影响整个家庭的幸福。大厦将倾，安有完卵？所以，保护职场人的心身健康，同时也是在保护其他年龄群体的健康，能够达到一举多得、事半功倍的效果。

第三，很多人以为心理健康问题离我们很遥远，其实不然。“年轻体壮”是大众对职场人的最初想象，但这个看似最“强健”的群体其实并没有我们想象的那么健康。据调查，成年人中每四个就有一个正遭受心理健康问题的困扰，而处于职业年龄阶段的成年群体有精神障碍的比例高达15%。实际上，几乎每个打工人或多或少都会受到心理健康问题的困扰，比如职业倦怠、焦虑、情绪低落、睡眠问题等，相信此刻在读此书的你一定也有过相关的体验。

第四，职场心理健康问题损害心理健康的同时，也会损害身体健康，在职场上造成的最直接的后果就是工作动力、效率、质量的下降，员工流失，工作的差错率上升，这些会给个体、家庭、组织和社会带来无法估量的损失。

综合以上四点，无论如何重视职场人的心理健康都不为过，这也是本书创作的初衷所在。那怎么做才能改善打工人的心理健康呢？本书的作者团队分四个篇章，用14个鲜活生动的职场人心理案例，向读者展示了打工人在职场最常面临的困境，并从心理学角度进行详细解读和分析，提出可操作的应对方法，相信很多读者都能从这些案例中或多或少找到自己的影子并产生共鸣。

就如前面第一段中提到，实现工作对心身健康保护作用的两个前提条件之一就是良好健康的职场环境，本书也没有忘记强调在职场心理健康促进过程中企事业单位（组织）的作用和责任，围绕如何打造“心理友好的职场文化和环境”，书中从现状、原因、后果和成本收益等方面为企事业单位进行了全面的解析，并提供了行动方案和示例，旨在帮助企事业单位提高认识，获得健康可持续发展的动力。读者在阅读过程中会发现，这本书把大量的笔墨放在了教会打工人如何识别和应对职场中出现的各类心理健康问题和心理困境上，相对而言，“打造心理友好的职场文化和环境”这部分和企事业单位组织管理相关的部分似乎并不多。但这并不意味着这部分不重要，恰恰相反，这部分相当重要。不过因为“心理友好的职场文化和环境”的建设主体最终还是要落到我们每一个职场人身上，所以只有我们职场的每一个个体能够关注心理健康，并开始主动了解相关的知识和技能时，才更有可能促使组织有所作为，也才能最终推动心理友好的职场文化和环境的形成。正如我们一直强调的，“每个人都是自己心理健康的第一责任人”，放在职场亦如此。关爱自己的心身健康，主动采用有益健康的生活方式，注意工作-生活平衡，积极参与和推动与职场心理健康促进相关的政策的制定，这既是对自己负责，也是对家人负责，企事业单位也会得到回报。当在大家共同的努力之下建成了心理友好环境之后，每一个人也都将从中受益。

工作于我有什么意义？我的工作又有什么意义？

也许当下的你初入职场，对未来满怀期待却也非常焦虑；也许你混迹职场多年，有所成就却渐感麻木；也许你正经历中年危机，各方面都面临巨大挑战却无所适从；也许你通过努力早已站到了同事仰望的高度，但光鲜的职场成就背后却是一地鸡毛的生活。

无论你处在职业生涯的哪个阶段，一定都问过自己这个问题，并获得了自己的答案。这个答案也许能鼓舞你重新出发，也许会让你原地辞职，结果并不重要，重要的是，在迷茫、疲惫、焦虑的时候跳出当下的状态，看清自己的过去和现在。此刻，如果你感到累了，请再次发问，并试着回答，你会从中得到力量。

第一篇

自我与工作

我“卷”不动了，却止不住精神内耗

一、心理案例

姓名：千千　　性别：女

年龄：28 岁

咨询次数：第 5 次

来访者主诉

千千一毕业就进了目前的公司，任市场部职员。刚进公司的时候，公司刚过A轮融资，算是创业期。同事、领导加起来就几十个人，工作氛围融洽，领导像朋友，同事像家人。虽然工资不算高，加班加点也是常态，但胜在领导认可，工作成果喜人，公司也在不断发展壮大。但几年前公司过了C轮，情况出现了变化。

公司越做越大，很多更专业的人陆续从其他公司跳槽过来。千千也努力地自我提升和成长，但速度似乎跟不上同事们了。工作内容越来越复杂，她也做得越来越累。看着新同事做事很有章法，自己以前的“野路子”显得很可笑，她突然觉得自己什么也不是，开始怀疑自己工作的意义。领导也不像以前那么认可自己了，很少夸奖，更不会像待朋友那样与她相处。千千试着主动请缨去做新项目，但即使加班加点，也始终达不到领导的要求，反而更加沮丧。无奈的她跟领导哭诉过几次，但只得到“很努力，但没有潜力”的评价。

她想过跳槽，可大龄未婚，在就业市场很难找到下家，更何况目前就业形势并不好。她也想过回老家，但回老家很大概率就是，找个一般的工作、嫁人生子或做家庭主妇。家乡“一眼望到头”的生活让她很不甘心。卷不动了想躺平，长相不错的她找了个本地的男友，想着以后嫁过去起码生活无忧。可命运弄人，男朋友的父母更希望能找个本地媳妇，之前憧憬的爱情在几次争吵后留下一地鸡毛。

经历一系列事件之后，千千陆续出现以下症状：

★情绪差：整天闷闷不乐，独自在家会突然想哭；有无助感，觉得没人能帮自己。

★活动减少：变得不爱社交，很少参加同事聚会，即使参加也像一个“小透明”。

★工作能力下降：总觉得疲乏，注意力不集中，工作时常出错。

★其他：入睡困难，多思多虑；自卑，觉得不如别人。

重要成长经历或生活事件

千千是北方人，家乡是个三线小城市，她独自来南方求学。千千是家中独女，妈妈是普通工人，爸爸是某事业单位领导，家境算是优渥。但由于父母工作原因，千千从初中就开始住校，除了假期，跟父母相处时间并不多。

父母对其要求颇高，却很少表扬千千。偶有一次考试不佳，父母就会埋怨其不努力。为了得到父母、老师的夸奖，千千从小就努力学习，成绩很好，也很乖巧，但并不怎么快乐。千千觉得自己性格看似活泼、开朗，实则自卑、怯懦。工作、社交中总会习惯性讨好别人，即使不开心也没法拒绝。

关键对话摘要

千千：最近这1年，我越来越觉得自己不知道怎么工作了。我总担心自己会出错，越担心效率就越低，项目总是跟进很慢。我也很努力，但经理总是不满意。

治疗师：你似乎很在意经理对你的评价？

千千：是的，她满意了才证明我工作被肯定了。而且我刚进公司时就是她带我，我们之前关系很好，她也会经常鼓励我，工作让我很有成就感。但现在情况不一样了，公司跳槽过来的那几个人，能力都很强，经理把很多项目都给他们做了。

治疗师：你是老员工，把项目都给新人做，似乎对你不公平。

千千：我也有项目，只是大项目给了他们。这也没办法，他们确实很厉害，他们都是之前在其他公司做市场的，有经验、有关系，我啥也没有。我很想把自己的工作做好，经常加班，可越努力，得不到肯定就会越无力。

治疗师：你现在似乎患得患失的，不像之前的你了。

千千：是的，每天都很焦虑，领导现在只让我做一些基础性的工作，跟实习生一样。我已经来公司6年了，我真的不知道现在工作的意义是什么。

治疗师：你有跟经理讨论过你工作上的困扰吗？

千千：我心情很差，我向她哭诉过，说找不到工作的方向了，觉得现在的工作没有意义。可她很忙，不愿意听我多说，只让我别想太多。所以我想，既然卷不动，那躺平算了，可又不甘心。我现在真的觉得生活没有值得留恋的地方，如果不是爸妈还在，我觉得让我现在死，我也不会犹豫。

治疗师：我能感觉到你很疲惫。生活似乎在和你开玩笑，不管你做什么，心里总会有一个相反的声音在反对你、责备你。明明你已经那么努力了，筋疲力尽后却总是不尽如人意。千千，你在乎所有人的想法，在乎你的工作、在乎你的事业，唯独忽略了你自己的感受。试着停下脚步，放松心情，重新审视自己。生活不止眼前的苟且，还有诗和远方。

评估

一般性心理问题，因职业压力和职场人际关系引发抑郁情绪。

治疗师：张医生

2023 年 7 月

二、掌握心理关键词

精神内耗 | 工作压力诱发的心理冲突

1. 关键词描述

精神内耗是当前职场人最常面临的心理困境，在心理学上被称为“自我损耗”（ego depletion），由西格蒙德·弗洛伊德（Sigmund Freud）在1923年提出。罗伊·F. 鲍迈斯特（Roy F. Baumeister）在1998年将自我损耗界定为“个体由于执行先前意志活动而造成执行后续意志活动的能力和意愿暂时下降的现象”。通俗地讲，就是在做事情时，瞻前顾后、权衡利弊过程中的心理损耗。

精神内耗目前常用来描述职场人在心理上或情感上经历持续的紧张、焦虑、压力等状态，导致精力耗费过多而无法得到有效恢复的情况。这种状态通常是生活、工作、人际关系等方面的种种压力和负面因素造成的，主要表现为：

- 持续紧张和焦虑：个体可能长时间处于一种紧张和焦虑的状态，感觉压力重重，无法得到有效的缓解。这可能源于工作压力、人际关系问题、生活变故等多种原因。
- 精力消耗过多：精神内耗意味着个体的精力和心理资源被过度消耗，无法及时地得到补充和恢复。这可能导致疲劳、失眠、注意力不集中等问题。
- 影响心身健康：长时间的精神内耗可能对身体和心理健康产生负面影响，例如引发焦虑症、抑郁症，增加出现其他心理健康问题的风险。
- 难以摆脱负面情绪：个体可能感觉很难摆脱负面情绪，无法有效地调整自己的情绪状态。这可能导致陷入恶性循环，加重负面情绪。
- 影响生活质量：精神内耗可能使个体无法充分享受生活，影响工作效率、社交关系和生活满意度。

2. 心理学解读

物理学知识告诉我们“做功是需要能量的”。我们所有的活动不仅消耗身体上的能量，同时也在消耗心理能量。当心理能量枯竭时，需要适当休息之后才能得到恢复。我们在经历一次大考之后不愿意立刻投入学习中去就是这个道理。

心理能量主要用来自我控制和自我调节，比如控制本能（包括惰性、冲动等）、控制认知（包括集中注意力和思考等）、控制情绪和情感、进行行为决策等。作为职场人，消耗心理能量的情况几乎无处不在。心理能量的长期耗竭，则会衍生出一系列的心理问题。

造成精神内耗的一个心理因素是自我认知的扭曲。这里涉及一个心理学概念——价值条件化，即个人价值建立在他人评价的基础上，而不是建立在自己的评价上。每个人在成长过程中都有被关怀和尊重的需要，但这种需要的满足常取决于别人。比如，父母会根据孩子的行为是否符合自己的价值标准来决定是否给予孩子肯定和关怀，也就是说父母的认可和表扬是有条件的，这就是价值条件化。在职场中，无论职位高低，得到积极评价的条件无疑是努力工作，为公司创造价值。在功绩导向的氛围中，KPI（关键绩效指标）成了职场人持续输出劳动力的内在动力。为了满足自己被尊重的心理需要，大家心甘情愿被驯化，一旦满足不了KPI，就容易产生诸如自卑、自我贬低的认知扭曲。这种建立在他人评价之上的自我认知与自己本身的自我评价产生了矛盾和心理冲突，不断消耗着心理能量。

另一个心理因素是同辈压力。同辈压力是指因为渴望被同伴认可，避免被排挤，而选择按照同伴规定的规则去思考或者行动所产生的一种心理压力。简单来说就是“比”。上学的时候，父母总是拿我们跟“隔壁家的孩子”比学习，工作之后跟同龄人比房子、车子、票子，年纪大了比结婚、比生孩子。同辈压力贯穿我们的一生。作为职场人，当别人的处境比自己好，而自己却很难为取得的成就感到满足和自豪时，就容易产生焦虑和挫败感。随着压力的增加，就会在不断自我否定和自我怀疑中陷入持续的精神内耗。

因此，我们可以看到，职场人的精神内耗几乎是不可避免的，我们需要做的是减少精神内耗对我们造成的负面影响。

精神内耗常见的负性思维

- **非此即彼**：如果不成功就是自己不够好。
- **以偏概全**：如果失败了一次，以后就会一直失败。
- **最小化 / 最大化**：成功是自己运气好，失败是自己能力如此；表扬是客气，批评才是真实的。
- **消极假设**：不经过实际情况得出负面结论。例如，领导没有回自己微信，就认为自己可能是打扰到他了。
- **情绪化推理**：把情绪当作事实，只要自己有了负面情绪，那做的事情必然是糟糕的。例如：这个工作让我觉得很烦躁，那我一定做不好它。
- **绝对化**：觉得自己就应该做到完美，否则别人肯定会觉得自己不努力。
- **自罪自责**：将失败归咎于自己，认为团队的失败是自己造成的。

3. 当事人画像

“牺牲型人格”更容易产生精神内耗。“牺牲型人格”者对他人的情绪变化非常敏感，能很快地捕捉到他人的不良情绪，但同时这一类人对自我情绪的感知偏弱，愿意放弃自己的利益来帮助别人。“牺牲型人格”之所以出现“牺牲”式的行为模式，可能源于缺乏自信和安全感，经常觉得自己不够好，因此通过牺牲自己以获得别人的认可。但矛盾的是，牺牲型人格不喜欢过多的赞扬，这会给他们带来巨大的心理压力。过度牺牲以获得关系和人格的行为模式中，他们容易忽视自己的心理需要，付出也容易被别人当作理所当然。这种渴望认可又不断被忽视的心理冲突造成了心理的自我耗竭。

牺牲型人格的产生往往与原生家庭相关。在成长过程中，如果父母的认可都是有条件的，比如只在你表现优异或者听话时才给予夸奖和好处，你就会形成一种观念，即只有付出才能得到爱和认可。前文案例中的千千便是如此，需要通过成绩、听话来得到父母的认可。这种观念在成年后会令你不自觉地忽视自己的需求去获得别人的喜欢。作为职场人，过度的牺牲不仅会造成自我损耗，也给职场霸凌和PUA（精神操控）创造了心理温床。

影响精神内耗的因素除了性格外，还有自我评价。个体的自我评价是维持心理稳态的重要因素。我们每个人被批评了都会难过，被表扬时就会开心，这是外界评价对自我评价的影响。心理成熟的个体的自我评价会趋于稳定，这是基于我们的成长经验得出的客观评价。之前讲过“价值条件化”，在个人体验和企业价值发生矛盾时，往往伴随着来自周围的负面声音，要求个体牺牲自己去符合企业价值。这个时候，稳定的自我评价可以帮助个体应对复杂的企业环境，避免出现严重的心理冲突；而不稳定的自我评价则容易使个人被影响，产生深深的自我怀疑，陷入内耗。

另外，社会、组织文化背景也是产生内耗的原因之一。集体主义文化价值观强调团结。在这样的文化背景下，职场人往往倾向于牺牲个人来满足组织的利益。如果组织的长期利益实现后可以反哺个体，实现职场人与组织共同进步，这无疑是一件好事。但在现实工作中，一些组织领导者的价值取向往往是逐利的，他们要求个体牺牲自我去符合集体的利益，但获得的利益却倾向于实现自身更大的利益，而不是反哺员工。这种伪集体主义往往会造成职场人过度牺牲自我，却无法获得价值感，沉浸在自我怀疑的精神内耗中。

4. 预防或调节方式

★停止过度思考

减少自我质疑，缓解焦虑情绪。

试问自己，是否有以下情况：

☆ 思维陷入循环，反复纠结于一些小错误或细节，难以摆脱；

☆ 总会专注于自己的想法，并挖掘自己的内心活动；

☆ 担心未来会有不好的事情发生；

☆ 处于不好的境地时，总是把自己的想法看作问题的源头；

☆ 担心同事疏远自己，不断揣摩别人说的话；

☆ 自我否定，觉得自己不如别人。

以上列出的都属于精神内耗。过度思考是精神内耗的开始。当我们存在压力、感到焦虑时，会思考自己为什么焦虑，是因为工作不努力，钱太少，还是因为领导不满意？我们错误地以为思考就是在解决焦虑，实际上是陷入了一个分析、推翻和再思考的死循环。当你一遍又一遍地审视自己的错误或缺点，问自己为什么总是做不好，责怪自己为什么不能像别人一样轻松时，最后能得到的不过是持续的自我否定和怀疑，以及糟糕的情绪。

生活中会遇到各种各样的压力，思考的本来目的应该是帮助我们看清事实并解决问题，但过度思考只会适得其反。我们不应该总盯着过去的事情不放，活在过去，反复对已经过去的事情进行批判、否定、回味。内卷实际上是职场人的作茧自缚，我们应该避免思维反刍，关注当下。生而为人，我们应该取悦自己，而不是别人。尊重生活，享受生活，肆意生活。

★ 管理自己的焦虑情绪

正确面对焦虑，学习解压的方法。

精神内耗本质上是一种焦虑，而焦虑是一种正常的情绪体验。只是我们用错误的方式解决它，让它变得强大，才成了问题。面对焦虑，我们需要怎么做呢？

☆ 适当规律运动：选择自己喜欢的运动方式，比如慢跑、羽毛球等，坚持锻炼，可以有效缓解焦虑情绪。在强身健体的同时，让自己精力充沛，更有自信。

☆ 放松训练：通过暗示引导和肌肉放松的方式舒缓紧张情绪。在焦虑的时候，可以找一个舒适的姿势，运用视觉等感官想象，体会愉悦的外界刺激，不断暗示自己"已经平静下来了"。同时，可以让自己的各部位肌肉先紧张再放松，体会放松后的松弛感。

☆ 养成良好的睡眠习惯：下午少喝茶、咖啡等可能导致兴奋的饮料；避免睡前运动或观看暴力的影视节目；营造舒适、安静的睡眠环境；避免在非睡觉时间躺在床上。

★ 重塑认知

改变错误认知，从根本上解决内耗。

心理学上认为，人们的情绪和行为不是直接由外部刺激导致的，而是由人们对外界刺激的认知和解释引起的。人们对于事件的信念和想法是情绪反应的关键因素。如果想法是积极的，我们就会有愉快的情绪；如果想法是消极的，则会产生沮丧的负面情绪。精神内耗的根本就是负性思维不断产生，夸大了我们的缺点和不足，造成心理冲突和负面情绪体验。

我们可以在生活中学会识别自己的负性思维，比如在受到领导批评时，我们会产生类似“我做错了什么”或“我不够好”的想法。在这种情况下，试着挑战和调整这些思维，想一想“有没有其他的解释”或“这个想法对我有益吗”，然后试着重塑自己的认知方式，像催眠一样，不断诱导积极的自我对话，从而让自己变得更积极、乐观，走出自我否认、思维反刍的逻辑旋涡，停止精神内耗。

避免焦虑的思维模式

- 专注于自己可控范围之内的事，而非不可控的。
- 专注于自己力所能及之事，而非力所不能及的。
- 专注于自己需要的，而不是自己想要的。
- 专注于自己拥有什么，而不是没有什么。
- 专注于当下，而非过去和未来。

一切没那么糟，但我还是厌倦了这份工作

一、心理案例

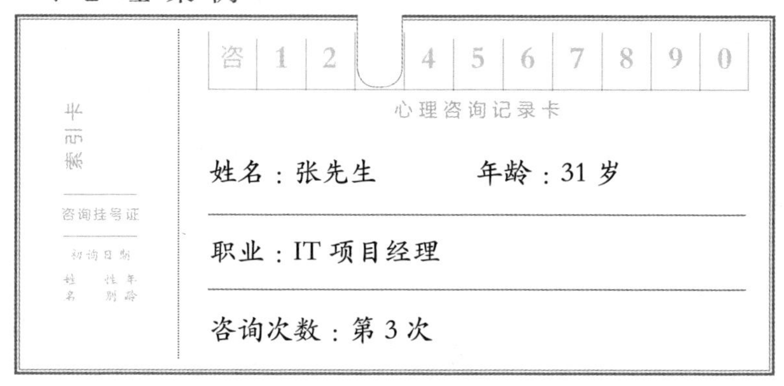

咨 1 2 4 5 6 7 8 9 0

心理咨询记录卡

姓名：张先生　　年龄：31 岁

职业：IT 项目经理

咨询次数：第 3 次

索引卡

咨询挂号证

初询日期

姓名 性别 年龄

来访者主诉

张先生最近感到极度疲惫和无助，每天上班都感觉像在跑一场马拉松，漫长而看不到终点。他曾尝试通过旅游、休息来缓解这种状态，但回到工作岗位后，依然觉得身心疲惫。他觉得自己的职业发展前景渺茫，每天的工作似乎毫无价值，甚至

怀疑自己是否能够继续在IT行业工作。他失去了往日的工作热情和动力，感觉上班就是一种煎熬。他厌倦了每天的工作，并且频繁地拖延工作进度。此外，现在大多数时候他都想自己一个人待着，与家人和同事也逐渐疏远。除了上述的表现，张先生还讲述了自己的工作和家庭情况。

工作经历：工作7年，张先生从一家IT“大厂”的“小白”一路做到公司的项目经理，负责多个重要项目的协调和管理。他拥有丰富的技术和管理经验，曾为公司做出了许多贡献。

工作环境：他所在的公司近年来经历了多次组织变革，导致工作流程经常变动，需要员工不断适应新的工作要求。

家庭状况：张先生是一个单亲父亲，除工作外，还要照顾孩子和家庭，这使他感到压力倍增。

社交生活：由于工作压力大，张先生的社交活动逐渐减少，这进一步加剧了他的孤独感和焦虑情绪。

这些问题已经持续对张先生的工作和生活产生了负面影响，他陆续出现以下表现：

（1）认知方面：工作时不在状态，经常难以集中注意力，记忆力下降，工作效率低，想法也比较悲观。

（2）情绪方面：近一个多月来，他时而情绪沮丧、低落，出现自责与自我怀疑；时而感觉暴躁，情绪不稳，容易失控，甚至与家人发生矛盾。

（3）行为方面：变得少言寡语，很少出门；做什么事都提不起兴致，以前雷打不动每周游泳一次，现在已经很久没游过了，家里的花草也长久不打理了。

（4）身体方面：全身不舒服，总感觉乏力，即使休息也无法缓解，而且饱受慢性头痛的困扰。

（5）其他：伴精力耗竭感，胃口不好，入睡出现困难，皮肤湿疹也复发了。

重要成长经历或生活事件

张先生童年时期经常目睹父母吵架，后来父母因性格不合在其12岁时分居离异，随后他由母亲单独抚养，母亲对其照顾有加的同时也秉持严要求与高期望。学生阶段，张先生成绩优异，自我要求也高。在校因性格孤僻，与同学关系疏离，初二时曾遭遇校园霸凌，被同班男生围堵篮球场。

关键对话摘要

张先生：为了完成项目，我付出了很多，这半年来，我几乎没有睡过一个完整觉，经常熬通宵，也放弃了很多业余活动。你知道吗，我已经一周没见到家人了，时常北京和上海来回赶，有时就为了做个汇报。公司啥资源都不给配，都需要我动用私人关系找资源，项目推动起来真的非常困难。团队也不给力，我每天都担心他们会出纰漏，所有的事情都压在我身上。

治疗师：看得出来你对工作很负责，对自己和别人都有一定要求。你把所有的精力都投到工作上，牺牲了很多个人时间。作为团队负责人，要在缺少支持的情况下推动项目，这很不容易，压力肯定非常大。

张先生：是啊，原来我一直认为自己积极上进，小日子也过得不错，现在却觉得这些都只是表面不错而已，其实已经千疮百孔。你看，我带着团队辛苦这么久，公司的政策却说变就变，前面的努力好像全白费了，我忽然觉得我的付出毫无意义。

治疗师：你看上去很失落，也很无力，感觉就像一个泄了气的气球，所有的斗志都消失了，而且你一直加班加点工作，一定非常累吧。

张先生：是的，我想我真的很需要休息，但我却没办法真正放松，我现在真正体会到了‘太累了睡不着’的痛苦。有时我需要喝一杯酒才能睡着。有时我想通过刷短视频让自己放松下来，但越刷越睡不着，同时我又觉得很内疚——啥也没干，天就亮了，时间又被我白白浪费了。我这是怎么了？以前领导和同事都说我积极努力、乐观自信，怎么现在就变成这个样子了呢？我是不是生病了？还是再咬咬牙熬一熬就会好起来？

治疗师：看得出来你对自己有着很高的要求，所以才会不断地给自己压力。不过，你目前的状态可能不是咬牙顶住就能撑过去的，也不只是单纯的身体累了、歇一歇就能好了。你可能出现了职场上常见的职业倦怠问题。

评估

一般性心理问题，因职业倦怠引发抑郁情绪。

治疗师：沈医生

2024 年 1 月

二、掌握心理关键词

职业倦怠 | 打工人的“七年之痒”

1. 关键词描述

近年来“精神辞职”在打工人的朋友圈里逐渐流行起来，所谓“七年之痒”在职场一样存在。工作久了，就感觉这工作啊，越来越像“鸡肋”，食之无味，又弃之可惜。其实“七年”只是一个时间概念，而职场“痒”点，其本质是一种职业倦怠。

早在1974年，美国临床心理学家赫伯特·弗罗伊登伯格（Herbert J. Freudenberger）就提出了“工作倦怠”的概念，而对于现在的职场人来说，这早已不是“罕见病”，甚至已经蔓延到了各个行业。据中国职场焦虑调查报告显示，普通员工的荒废感高达64.6%，有35.5%的白领人士对工作产生了厌倦情绪。无论是基层职员还是高级管理层，都承受着巨大的心理压力，面临着激烈的职场竞争。面对职业倦怠的“魔爪”，谁都难以幸免。

如果出现以下迹象，则表明你也许正在经历职业倦怠：

● 每天重复着机械的工作，似乎是开启了自动驾驶模式，有一种情感麻木或者空虚感，态度冷漠，对工作敷衍了事，不断与压倒性的无助感和无法掌控工作与生活的感觉斗争。

● 曾经对工作充满动力，经常自我激励并且在某些领域表现出色，成就感高，而最近变得疲惫不堪、冷漠和缺乏动力，常常体会不到工作带来的价值感和成就感。

● 曾经对工作很投入且富有激情，可现在似乎很难再找到兴趣或者享受的感觉，甚至出现了抵触和厌恨，有时容易因为简单的任务而感到疲惫，把自己推到边缘，有辞职的冲动。

● 喜怒无常，时而低落到“冰点”，对自我失望、挫败感强烈，时而“易燃易爆”，感到情绪失控，并且不知道为什么。情绪的不稳定往往是容易被忽视的职业倦怠迹象。后期还可能出现情感的疏离，即对生活失去应有的情绪反应。

● 忽视了自我照顾，饮食变得不健康或者睡眠模式令人担忧；感觉身体不舒服，出现“身体被掏空”般的乏力、身体各处出现慢性疼痛，即使休息也无法缓解；不再努力修饰和打扮自己，觉得自己的形象无所谓。

● 远离他人，出现社交回避行为，会议不愿开、邮件不想回、消息不答复。

以上这些“症状”可以归类为职业倦怠的三个维度：情绪耗竭、个人无效感、去人格化，分别代表了倦怠个体的压力、自我评价以及人际交往。其中情绪耗竭指长期处于职业紧张状态下表现出的情感资源过度透支，对工作丧失热情；个人无效感指个人成就感降低，对自己的工作意义与价值评价下降，失去自信心，因感到无法胜任岗位工作而丧失积极性，也不再愿意付出努力；去人格化指的是以消极、否定、麻木不仁的态度或情感对待身边的人或物。要知道，“七年之痒”不是突如其来的，心理学家赫伯特·弗罗伊登伯格就提出职业倦怠往往有一个过程，随着压力不断叠加而产生。职业倦怠的危害，也不仅仅存在于工作中，往往会像野火一样，蔓延到工作生活的方方面面。

2. 心理学解读

要想理解倦怠（耗竭），首先需要明白一个心理学概念：什么是“应激”？

应激就是我们应对日常生活中的各种事件与刺激时产生的一系列身心反应。应激会导致一系列生理和心理反应，导致个体能量的消耗，当这种消耗达到一定程度，就会出现耗竭。而职业倦怠（耗竭），毫无疑问，即来自职业场所的应激所导致的耗竭。心理学家克里斯蒂娜·马斯拉赫（Christina Maslach）等人对此进行了深入研究，揭示了职场人压力应激的主要来源，也正是这些因素导致职业倦怠的产生。它涉及职场的以下六个方面：

● 工作过载：除了职场人常见的“工作量超负荷”以外，工作过于单调或过难、过复杂，或者总是临时加急、着急忙慌，以及高压或混乱的工作环境和流程，都会让职场人进入工作过载的状态，这也是工作倦怠的重要来源。

● 自主感丢失：工作目标不明确或超出能力范围的工作期望、对工作所需资源的掌控不足，或者没有足够的权力以自认为最有效的方式开展工作，只是循规蹈矩、机械而非发挥自主性地完成指令，往往也会使职场人产生深深的挫败感和无力感。而且，越是那些会被自己的责任心压得喘不过气的员工，越容易体验到控制力的不适配。

● 付出与回报不匹配：不仅指没有得到与成就相称的经济报酬，还包括精神上的回报。当你的付出被视作理所应当，而得不到应有的认可时，自我价值就会存在拧巴感。

● 社交支持差：当人们在职场上没有与他人产生积极连接，就容易产生职业倦怠。一方面，有些职业分工使得人们彼此隔绝，缺少沟通社交；另一方面，职场人际中长期存在的人际冲突会导致负性连接，减少个体在工作中获得支持的可能性，从而产生沮丧、恐惧、敌意等消极情绪。

- 不公感：公正意味着尊重，意味着自己的价值被肯定。当长期感到自己被不公正对待，或者是评估方式不透明，就会产生愤怒、沮丧、筋疲力尽的情绪体验，同时也会加剧工作场合的冷漠。

- 价值观冲突：当人们的价值观与所在职场文化不一致时，会产生疑惑、矛盾的情绪，久而久之就会形成倦怠感。

当然，一个职场人可能会经历多种应激，与工作场合存在多种“不匹配”，最终演变为职业倦怠。2019年，世界卫生组织（WHO）将“职业倦怠”列入《国际疾病分类（第11版）》（ICD-11）中，阐述“职业倦怠”就是一种由于长期工作“压力”所导致的概念化的综合征，是一种情绪、精神和身体的极度疲惫的状态。虽然它不是一种“疾病”，但若不能及时识别与应对，则可能会引起抑郁、焦虑、情绪压力下的睡眠问题、皮肤疾病、免疫系统疾病等。长时间的压抑状态会对大脑认知功能产生影响，这种负面影响也会蔓延到家庭生活和社会交往等领域，甚至会引起严重的精神障碍及身体疾病。因此尽早识别压力和症状，是应对“职业倦怠”的上上策。

3. 当事人画像

虽然“职业倦怠”在当下职场非常普遍，但并非所有人都会经历，它也是个挑剔的“主”，看看你是不是“易感人群”吧！

如果你情绪稳定性低、对自己或世界持悲观态度、对负面信息敏感、喜欢反复思考和担忧，那可能意味着你在人格上的“神经质”水平较高，这样的你在职场上往往会是永不停歇的“奋斗者”。像张先生那样，明明已经足够好，但却总觉得自己不够好而拼命努力。上述的人格特点往往会构成一种负面“过滤器”，放大不利事件的影响，使得“神经质”的人更容易产生紧张、焦虑、愤怒和抑郁的情感，从而在职场上更多经历情感耗竭。

还有一类“易感人群”被称为A型人格群体。A型人格的人，情绪不稳定，易急躁，爱显示自己的才华，有强烈的时间紧迫感和竞争意识，成就动机强，喜欢尝试高挑战性的工作。这类群体在职场中会给自己设立较高的目标，对自己的工作寄予厚望，而较强的竞争意识又让他们常常处于一种戒备状态。在旁观者看来，A型人格的人似乎一直干劲十足，实则其身心的负荷早已超额，长期紧张压力的状态会让他们更容易产生职业倦怠。

此外，完美主义、事事需要掌控感的人，对自己和别人的要求比较高，总觉得做得不够好，因此容易吹毛求疵，且很多时候不愿意将事情委托给其他人，事事要亲力亲为，一旦达不到要求就容易焦虑，这也更易产生人际冲突，减少获得人际支持的可能性。因而完美主义者、高掌控需求者也更容易出现职业倦怠。

我们会发现，在职场中，那些性格外向的人更少出现热情枯竭和成就感低落的情况，那是因为他们更有可能体验积极情感，实现自我价值。这种积极的自我效能感，其实与外向和内向关系不大，而是与他们倾向于建立社交关系、促进人际互动，社会支持水平较高相关。良好的社交状态让他们能够更妥善处理应激事件，从而免受高度情感耗竭的影响。

4. 预防或调节方式

任何人都会出现职业倦怠，有的人甚至隔段时间就会经历一次。要知道，你不是孤单一人，也不是因为弱小才陷入这个困境。看似是“坠入深渊”的职场危机，却也可以是一次难得的人生“触底”体验。这时，“改变”一下，说不定就能突破“七年之痒”的魔咒，获得职场重生。你可以从以下几方面尝试转变。

★ 允许和接纳自己的局限

事实上，在职场中适当承认自己遇到了问题反而是有力量的表现。试着接纳自己的情绪和感受，接纳自己的局限，承认自己并不是万能的。你可以试着问自己下面几个问题：

–我最近感觉怎么样？

-我对自己当前的人生方向感觉好吗?

-为什么“保持强大”对我来说如此重要?

-如果我失去了这样一个职场地位，对我个人来说意味着什么?

-工作角色之外的我是谁?

这几个问题可以帮助我们重新评估职业规划和对工作的认知，了解自己的职业目标、价值观和兴趣，以便更好地规划未来的职业生涯。即使刚进入职场不久，你也可以通过重新定义目标来找到职场的新动力，然后去做正确的努力。

★ 从实际的改变入手，重新夺回对工作的控制感

改变的第一步，是适当降低工作责任感，顺其自然。那些令人感到“失控”的部分之所以让人焦躁和痛苦，是因为我们试图去掌控它。事实是，有时无论如何努力，它都无法被改变，只会白白挤占我们的时间、情绪和精力。就像张先生，即使付出了很多努力，也无法改变公司战略，也无法让公司给他匹配更多的资源。他要做的就是接受现实，做好该做的。第二步，“失控”时，先放下再解决。我们之所以有时在休息的时候能突然找到答案，是因为放松的状态帮助我们消除了前期的紧张心理，忘记了之前不正确的、导致僵局的思路，另辟蹊径，反而有了创造性思维。因此，遭遇职场中的“失控”时刻，特别是内心的焦虑、矛盾冲突时，不要急于解决，而要先放下。第三步，保持界限，学会放手。明确什么是自己该做的、什么是其他人的任务，防止过度卷入；当超出自己的能力和职责范围时，勇敢说“NO”；为自己安排有规律的休息；设定相对固定的开始和停止时间，尽量减少多任务处理；保持生活与工作的界限，做一些自己感兴趣的事，捡起一项搁置很久的爱好，找回工作与生活的平衡。

★ 学会自我滋养与自我照顾

请填写下方《日常规划表》(见表1-1)

(1)列举一天的工作生活行程。

(2)对这些事进行判断：哪些项目可以提高你的情绪，为你补充能量，让你感到内心安宁、精力集中？哪些项目有助于提高你的生命力和充实感，而不是让你觉得自己只是简单地活着？这些都属于滋养型活动。哪些项目使你情绪低落，消耗你的能量，让你感到内心紧张和支离破碎？哪些项目有损于你的生命力和现实感，让你觉得自己只是活着，甚至更糟？这些都属于消耗型活动。

(3)当你的工作变得忙碌、压力变大时，你删掉了表中的哪些事项？填表格的目的是让自己了解生活过程中滋养型和消耗型项目的平衡情况。

填写规划表里的“平衡方式清单”，当觉察到失衡时，我们应该给自己更多的照料和关怀，增加“平衡方式清单”的行为，以提升自我滋养，减少消耗。

表 1-1　日常规划表

时间	行程 / 活动 / 项目	滋养 / 消耗	遭遇职场压力时被删除的事项

平衡方式清单

学会自我照顾的另一方面就是学会放松与休息，这可以有效地减少应激反应。试着像规划工作日程一样地规划休息，在选择休息方式时，要分清楚娱乐和真正的放松。比如张先生，他通过刷短视频的方式来休息，但短视频的刺激会让大脑沉浸在兴奋的状态里，以至于结束后感到头昏脑胀，最后并没有得到充分的放松；而喝酒助眠的方式，短期内看上去是帮助入睡了，但长期来看实际上是以破坏睡眠结构、牺牲真正的睡眠健康为代价。我们可以做一些使肌肉松弛或者内心平静的活动与练习，例如：渐进式肌肉放松训练、音乐疗愈、一次舒适的泡澡、按摩、散步等。另外，练习正念冥想也是不错的自我照料和滋养的方式。

★ 滋养脑神经递质，获取幸福感

神经递质是大脑中传递信息的化学物质，它可以影响我们的情绪、行为、认知和身体反应。

我们可以通过食物来实现神经递质的分泌，吃出幸福感。食用富含酪氨酸的食物（奶酪、鸡肉、葵花籽、糙米、花生和豆类等）可以提高大脑多巴胺分泌水平，获取和大脑奖赏中心紧密联系、被称为“快乐因子”的神经递质；食用富含色氨酸和维生素B_6的食物（鸡肉、驴肉、鸡蛋、奶酪、三文鱼、金枪鱼、深绿色蔬菜等）能提高血清素水平，这是一种天然的情绪稳定剂，可以帮助我们转换心情，带来舒适和放松感；食用巧克力可以刺激大脑释放天然的止痛剂——内啡肽，从而减轻我们的疼痛和压力，让我们感到愉悦和欣喜。

当然，除了食物，运动也是帮我们获取多巴胺、血清素和内啡肽等幸福神经递质的方式。不过，并非所有运动都是放松，不喜欢的运动可能会很难坚持，而过强的运动则会进一步消耗能量，所以选择适合自己的运动方式和适宜的运动量也很重要。权威医学杂志《柳叶刀》发布的一项涉及120万人的关于运动的研究发现：每次锻炼的最佳时长是45 ~ 60分钟，一周3 ~ 5天，每天1次，最多不超过6次，如此，身体的受益最多；对身体最好的三种运动是挥拍类的球类运动、游泳和有氧体操；团队锻炼、骑自行车和有氧体操在改善情绪、提升精神健康方面最有利。

除了多巴胺、血清素和内啡肽，提高大脑“催产素”的分泌也可以让我们幸福起来。下班后给家人一个拥抱，在午休时和同事聊聊工作以外的话题，撸猫、与小狗亲昵等互动性的行为，都可以使大脑产生催产素，促进关系的形成和维持，让我们感到幸福、满足和忠诚。

克服职场倦怠，是每个职场人要修炼的功课。职场倦怠并不意味着我们再也无法回到良好的工作状态中，更不意味着失败。它只是一次温柔的提醒，我们要试着认识它、感受它、接纳它、突破它，也可以通过专业心理治疗的支持尝试勇敢地走出困境。你终将会迎来属于自己的职场“高光时刻”。

适用于上班间隙的反“卷”放松技巧

- **拉伸身体**：工作疲劳时花个三五分钟进行一些简单的伸展运动，可以有效缓解心身的紧张状态，如：颈部伸展、扩胸和肩部转动、腰部拉伸。
- **小睡片刻**：在午休或工作间隙小睡一会儿，可以帮助打工人恢复精力、降低持续工作带来的压力，哪怕只是 15 ~ 30 分钟的短暂睡眠，都可以让我们重新找回良好的工作状态。
- **社交互动**：轻松的人际互动也可以帮助人们缓解压力。找一两个同事聊聊天，或在茶水间一起喝杯咖啡，谈论轻松的话题，又或者给朋友、家人打个电话，都可以让你暂时远离工作压力。

人到中年，要面对的可太多了

一、心理案例

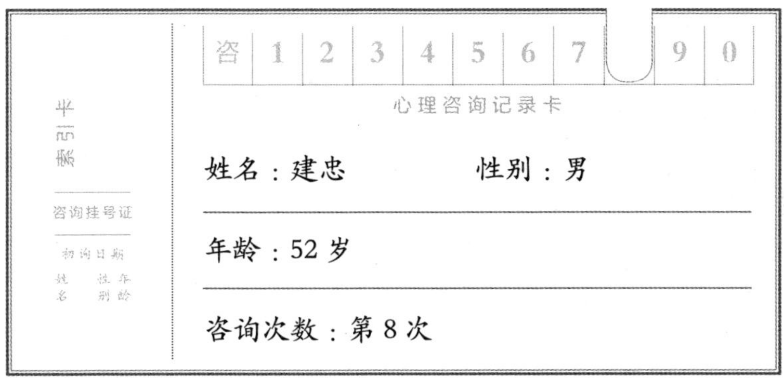

心理咨询记录卡

姓名：建忠　　性别：男

年龄：52 岁

咨询次数：第 8 次

来访者主诉

建忠工作了二十余年，曾任企业高管、某部门的主要负责人。一年前，因他所负责的工作中出现生产事故，建忠被降职并调换部门。在发生事故半个月后，他陆续出现了身体不适的症状，包括腰痛、眼球突然无法转动、胸闷、睡眠质量下降、食欲不振等，同时吸烟量增加，并伴有情绪低落、自责愧疚等情绪，持续一年余。半年前母亲去世。近半年来偶感事业可有可无、生活无意义等，时有消极想法，无消极行为。因其情绪低落，新部门领导多次与其沟通，并减免工作量等，部门其他同事主动协助其完成日常工作。但是，建忠的身体和情绪状况未见起色且深感痛苦，故前来求助。

总的来说，建忠在遭遇工作挫败后陆续出现了以下症状：

★睡眠质量下降：入睡困难、多梦、早醒后再次入睡困难、易惊醒。

★身体不适：腰痛、眼球突然无法转动、胸口有压迫感、呼吸急促、时感胸闷。

★食欲减退：进食欲望下降、食量减少、体重下降。

★成瘾行为增加：吸烟量增加一倍。

★情绪低落：情绪持续低落一年余，快乐感受缺失；易出现自责、羞耻及内疚感。

★兴趣减退：不再进行原本喜欢并会定期参与的爱好活动，如乒乓球和棋牌类活动等。

★认知改变：注意力下降，工作动力减退，较难应对日常压力；自我评价低，认为自己是失败的。

★消极观念：偶有无意义感，有消极轻生观念，无消极自杀行为。

★其他：人际关系倾向于回避疏离，大多时间拒绝出门等。

重要成长经历或生活事件

建忠从小主要由父母照顾，自幼身体健康状况和学习成绩良好。在家中排行老大，下有一妹，17岁时其父生病离世，后与其母亲、妹妹一起生活。读大学期间，他和母亲、妹妹聚少离多。大学毕业后，他回到家乡工作，后与妹妹分别成家。成家后，建忠与妻子关系融洽，育有一子，其子已婚并育有一子，后建忠接母亲共同生活直至半年前母亲去世。

建忠所在部门在一年前发生生产事故，他作为事故第一责任人被调离原部门，级别稍有下降。到新部门后，其从部门主要负责人成为部门顾问，收入变化不大。原部门工作氛围融洽，建忠作为部门领导，在领导力和业务能力等方面均有比较强的影响力，其上级领导和同事、下属对建忠的个人魅力、业务能力和工作安排都较为认可。在新部门，新领导较建忠年轻，新部门其他同事对其也比较尊重，自述在新部门适应良好。半年前母亲因病去世，自诉与母亲感情亲密，母亲去世对其打击很大。

关键对话摘要

建忠：这半年来我先后住了三家医院，都没解决腰痛和眼球突然无法转动的问题。原来我工作忙责任大，还要照顾孩子和家庭，身体也没出现过什么不舒服。这一年来，工作上退居二线，孩子结婚了，半年前老母亲去世了，现在也没人需要我了。我的症状没有病因，去了很多医院，都说我的身体指标是正常的。可是腰痛和眼球突然无法转动太痛苦了，本来想吃点药也就扛过去了，可根本扛不过去。有时候我真觉得活着没意思……

治疗师：听到你说这段时间的经历，我能感受到你过得很艰难。

建忠：非常艰难。活着没意思，生活也没有目标，什么都不想做。

治疗师：这么艰难的一段时间，你能一直走到现在，非常有力量。

建忠：我还有力量？我认为自己很失败。

治疗师：近一年来这么不容易，但是你仍然努力生活和治疗，所以我认为你很有力量。

建忠：你这样说我很意外。但好像又觉得轻松点了，其实我一直对自己有很多不满。

治疗师：能具体说说看吗？

建忠：我对母亲有很多愧疚。父亲过世早，母亲承担了很多，我一直都想着要好好孝顺她，所以从大学毕业后就没跟母亲分开过。可是没想到在母亲去世前，我出现了重大工作失误，母亲也跟着操心劳累，我觉得自己太让她失望了。母亲去世后我的内心常常很煎熬，而且各种身体的不舒服更强烈了。有时感觉生活没了寄托，有时候甚至想——妈妈都不在了，我活着给谁看？活着还有什么意思？

治疗师：带着愧疚生活蛮辛苦的。听起来，多年来你一直是你母亲的骄傲。你母亲对你工作上的遭遇有说过什么吗？

建忠：母亲希望我照顾好身体，还说我的工作做得很好。

治疗师：你怎么理解母亲的话？

建忠：母亲最关心的是我的身体，她希望我过得好。关于工作，其实直接责任人不是我，但是在我的部门发生的，那我就需要承担责任。我心甘情愿地承担责任。

治疗师：你是一个很有责任心的人，无论是对你母亲还是工作。我猜想，你对母亲的愧疚会不会影响你的身体？

建忠：会的，吃饭睡觉都会有影响。也不知道这个跟我的腰痛、眼球不能转动有没有联系。

治疗师：我们可以试试看，当内在的情绪有变化时，身体的感受会不会不一样。

建忠：好的，怎么试？

治疗师：从你刚才说的来看，你对工作很有担当，心甘情愿地承担责任。这些责任好像让你压力很大。

建忠：是的，我是部门负责人当然要承担。工作生活中发生什么事情我都是第一个去扛。

治疗师：我能感受到你的力量和稳定，那会不会有时候因为扛得太久、撑得太久而消耗自己过多了？

建忠：这个我没想过。你说我腰痛、身体痛什么的跟一直扛着有关系吗？

治疗师：一直“扛着”的生活状态，可能会让人持续焦虑、有压力。也许时间久了，会表现为身体的不舒服。

建忠：好像是的。看来我得让自己放松下来才行。

评估

（1）居丧反应：因亲人去世带来的哀伤、痛苦及内疚情绪，影响正常工作及生活功能。

（2）适应问题：因中年危机带来的职场变化、家庭结构和关系的变化，导致心身问题并引发抑郁状态。

治疗师：娜医生

2023年10月

二、掌握心理关键词

中年危机 | 每个人都需面对的人生课题

1. 关键词描述

中年危机对于很多人来说并不陌生，也许我们自己或身边的家人长辈就曾经历或正在经历这个阶段。“中年危机”也被称为“灰色中年”，一般来讲是指人们在35—59岁这段时期可能经历的事业、经济、家庭结构、婚姻、身心健康等方面的各种问题和挑战。

中年期是人生中相当长、相当关键的时期。人生诸多重要任务和成就都需在这个时期完成。我们在中年期会面临家庭、社会中的多重任务，承担着多重角色，个人的发展也会更多受到时代、文化背景、职业方向、人格特点等因素的影响，加上可能面对年龄、衰老或死亡带来的诸多问题，就会在事业、经济、家庭婚姻、健康、个人认同等方面出现问题和危机。

中年危机不是一种疾病，而是一系列生理和心理方面的挑战。处于这个时期的人更易出现各种情绪，比如躁动、绝望、无助、沮丧、恐惧、担忧、易怒等；婚姻家庭中，易出现离婚、婚外恋、分居、相处困难等；生理变化有身体功能衰退、更年期不适或者出现病理性病变；事业方面，更可能感受到发展受阻或遭遇失业、转型失败等；个人兴趣爱好逐渐丧失，有的个体为了避免中年危机带来的痛苦不适，可能会出轨、赌博、吸毒、酗酒或者以其他方式试图重获青春的感觉；心理上，则会质疑自己的人生无价值、无意义等。曾有心理专家将中年危机概括为“四无”：无望、无力、无聊和无奈。中年危机严重时可使人罹患不同程度的抑郁症、焦虑症等，给个人和家庭带来破坏性影响。

哪些表现说明我中年危机了？

- **心理方面：** 情绪波动较大，易烦躁、易怒或抑郁，自我怀疑增多，质疑自己的能力和价值，甚至对未来感到迷茫和担忧。
- **生理方面：** 外貌上可能有衰老的迹象，头发变白、皮肤松弛等情况加剧。身体机能也开始下降，容易疲劳、活力减少。健康问题增多，高血压、高血脂等慢性疾病的风险增加。
- **职业发展：** 对工作产生倦怠感，缺乏热情和动力。职业上可能遇到上升瓶颈，同时面临年轻人的竞争压力，担心被淘汰。
- **家庭方面：** 上有老下有小，家庭责任带来的压力较大。与伴侣间容易出现感情平淡或矛盾增多的情况。同时可能面临“更年期遇到青春期”的困扰，对子女的教育和成长感到焦虑和操心。
- **人际方面：** 社交圈子可能相对固定，难以拓展新的人际关系。可能会感到孤独感增加，缺乏真正理解自己的人。

然而，并不是所有人都会经历中年危机，不同的人经历“中年危机”的表现也不尽相同。有的人表现明显，会完全否定自己的价值，认为生活毫无意义，这属于典型的中年危机症状；而有人则能通过自我调整，顺利渡过这个时期。

2. 心理学解读

人生发展到中年阶段可能会由于种种因素引发生理及行为上的不适应和心理上的动荡不平衡。若这种情况长期没有得到有效解决，可能会使个体的生理和心理出现失调，甚至罹患疾病。

每个人面临的中年危机是不同的，引发中年危机的常见因素包括：

● 文化传统、舆论媒体上与年龄相关的各种信息，比如认为中年人和老年人没有吸引力、越来越差等。人们的认知与所处的环境紧密相关，文化传统和舆论媒体对不同年龄段的看法，对个体认知的影响很大。一个人越在乎外部的声音和评价标准，就越容易引发更为强烈的年龄焦虑。

● 对衰老过程本身的恐惧。随着年龄增长，身体会产生各种变化，如皮肤出现皱纹和松弛下垂、体重增加、某些部位的疼痛或精力下降、秃顶、将军肚，一系列的衰退现象开始慢慢出现。女性在45岁后开始逐渐出现烦躁、潮热、心慌、月经紊乱等更年期症状，生殖功能和性能力逐渐衰弱，健康状况也不如从前，会开始明显感受到衰老的威胁，这一切都可能会造成巨大的身心冲击。

● 对死亡的恐惧。人到中年不得不面对死亡带来的恐惧，有的会面对至亲好友的重病或离世，有的则是自身曾经或正在经历某些疾病或意外。随着父母和朋友的老去或死亡，中年人可能要开始面对自己的死亡。这个过程中，可能既会产生从未为自己好好活过的遗憾，同时也会生发出对死亡的恐惧。

● 婚姻关系的变化。大多数中年夫妻存在情感上的麻木和对生活未来走向的不确定感。有的中年人为了生活或逃避满意度较低的家庭关系成了“工作狂”，容易忽略家人的感受，引发冲突矛盾，导致家庭关系恶化；有的中年人选择把情感向婚外转移，造成婚姻危机，也叫婚姻倦怠。夫妻关系中少了年轻时的激情，双方可能都进入了审美疲劳阶段，对性失去兴趣甚至是彻底不再有性行为。在这种情况下，如果双方缺乏足够的理解包容，会对婚姻关系造成更严重的负面影响。

● 亲子关系的变化。有些中年父母会面临孩子长大需要独立出去的情况，甚至孩子有了孩子，自己成了爷爷奶奶或外公外婆，就要适应新的身份。有些是青春期碰到了更年期，这时，家长要发展出新的方式养育孩子，否则容易造成亲子关系紧张，甚至发生矛盾。还有些则会因“空巢综合征”引发中年危机。

● 职业发展和变化。在社会发展和组织变革越来越快的背景下，大部分人的职业发展和社会地位都或多或少会遭遇危机和挑战，对于中年人，他们的部分工作会由年轻人代替。到中年晚期，社会角色危机最为严重，此时他们退居二线或已离开工作岗位，从重要的岗位和社会角色退下后进入可有可无、无事可做的状态，此时可能会感到内心空虚、焦虑不安。

● 经济上的挑战。中年人上有老下有小，孩子上学要花钱，老人年纪大了需要照顾，而房贷、车贷和生活中各种支出，对于大多数普通人而言也是一笔很大的支出，会造成压力。此外，退休后的经济保障水平，也直接影响到人们的安全感。

● 心理危机。中年人需面对家庭、职业、经济、子女教育等方面的多重挑战，在接受、适应和解决的过程中容易出现心理上的不平衡。

● 与早年情结或创伤作斗争。一个人的生活史也是他的创伤史，尤其是早年生活对一个人的认知、行为、情感表达方式、人际交往方式等影响巨大。人到中年面对的生活挑战日益多重，这就需要中年人不断克服早年情结或创伤，发展出新的应对方式，灵活稳定地生活。

3. 当事人画像

前面案例中的建忠，之所以出现中年危机，与其个人经历、人格特质、社会文化、认知方式等息息相关。

● 分离与哀悼：建忠17岁时父亲因病离世，除大学期间他在外地，其他人生阶段一直与母亲同住直至母亲去世。自诉与母亲关系紧密，半年前母亲去世对其打击很大。在母亲半年前去世后，建忠症状加重并多次入院治疗，甚至在母亲去世后偶感一切都没有意义了。他与母亲从未有过“心理上的断奶”是其症状加重的重要激发因素。在整个治疗过程中，建忠很少或几乎从未谈过父亲以及父亲早早离世带给他的影响等。也许建忠是通过与母亲绑定，通过自身努力让母亲对他满意，来回避父亲的离世带来的“子欲养而亲不待”的遗憾。这也就意味着他从未对与父亲的分离有过足够的哀悼。半年前母亲的去世，使他不得不面对分离和哀伤。建忠不但需要面对母亲的分离同时也会无意识唤起父亲离世的哀伤。这种哀伤的强烈程度对他是压倒性的，所以半年前他开始各种求医。

● 情感表达困难，过度理智化：建忠在治疗中提及，遇到事情他一直扛着，可见他大多时候通过压抑、回避等方式去处理情绪，而未得到有效表达的情绪就会通过躯体表现出来。建忠身体上呈现出的很多不适，如：腰痛、眼球突然无法转动等身体不适及睡眠质量下降等，与其情感表达困难、过度理智化有关联。建忠存在的情感表达困难，则与他生活的家庭和社会文化有关，当一个人出现躯体不舒服时更容易被关注，而情绪心理因素被忽略时，也就更容易通过躯体不适来表达情感。

● 高期待、低价值感：建忠对自己和他人同时抱有高期待，如：他在多年职场经历中始终优秀，这就好像在说“只有我优秀了才值得被看到”。因此，当他在职场或其他方面受挫时，更容易产生无价值感。这种不合理的价值评判认知会泛化在他的人际互动中。从他几次住院都未查出病因，可以猜测他承受了挫败、失望、愤怒等情绪。这些感受同时影响着他的心理和情绪状态，进而影响到他的躯体以及整个生活。

● 家庭和社会角色受到挑战：建忠与妻子育有一子，近两年其子已婚并育有一子。三个月前孙子出生后，建忠夫妻与儿子儿媳开始共同生活，主要由建忠妻子帮助照顾孙子。由以上得知，建忠失去了家庭中的主导地位，他需要在新的家庭结构里调整自己的位置并重新拥有自己的位置。孙子主要由其妻子照顾，其儿子儿媳工作繁忙，很多时候他可能会比较孤独甚至有被隔绝感等。

由以上因素可以理解建忠承受着中年人无法承受的生命之重，这与其成长的社会环境和文化、家庭文化、个人重大生活事件、个人价值观、人生观、哲学观等有紧密关系。

4. 预防或调节方式

中年危机并不是一种精神疾病。据研究调查，没有证据表明每个人都会在中年陷入危机，这说明大多数人都有能力去应对不同人生阶段的发展变化。而陷入“中年危机”的个体出现的一些症状与适应障碍存在一致性。如果你认为中年危机能很好地诠释自身症状，那有可能你正在经历中年危机。

人之所以会陷入“中年危机”，有以下两个主要因素：① 突然发现一直不是为自己而活着。心理学家荣格认为每个人都有人格面具。人格面具指的是个体公开展示的一面，其目的在于得到他人和社会的认可。我们在生活中扮演着各种角色：努力工作的员工，信心满满的领导者，辛勤的教师，正义感的警察，慈祥的母亲，孝顺的儿子等。如一个人过分卷入和认同自己扮演的角色，人格的其他部分就会被压抑，带来矛盾和冲突，只是这种冲突往往会被忽略。我们大多数人在中年阶段已成功适应外部环境，可能因为一些事或关系的变化，突然意识到自己多年来并没有按照真实的情感、需求和兴趣生活，这时个体便会开始意识到人格面具对生命的危害，感受到生活的空虚和虚无，以及对当前现实生活的完全否定和无价值感、无意义感。② 当一个人想为自己而活时，发现个人能力、精力、经济和时间有局限，自己也被外部环境所限制。埃里克森的人生发展理论认为，人们在25岁到60岁阶段，良好发展的表现是持续感受到创造性、建设性等，而它的反面就是进入瓶颈期的停滞感、无力感：感觉自己既未能圆儿时的梦想，又不得不向现实妥协，想要重新定位自己的未来，可又发现自己没有那种魄力。无论是当前工作，还是当前亲密关系，都逐渐步入一种类似程序化、僵化的模式和状态，无法创造新的机遇，激发生命力。

对处于中年危机或接近中年的人们来说，这个阶段是一个过渡期和挑战期。人们会先后出现否认、愤怒、讨价还价、抑郁隔离和接受升华的心理反应。如何帮助自己或身边的人更好渡过此阶段，把危机转化为成长或重生的契机呢？以下建议可供参考：

★ 改善人际关系

把重心从工作事业向亲情、友情倾斜。多体验人际关系中的支持和温暖，享受家庭生活的乐趣，与成年子女建立新的互动关系，适应新的家庭结构，决定是否仍然留在婚姻中等。尽量多花些时间和家人共处，多一些理解和支持，这对心理健康十分重要。

★ 梳理生活中所面临的挑战

随着年龄的增长，面对上有老下有小的生活现实，中年人会感到很多压力，尤其是生活经济成本可能大于预期收入。此阶段，合理支出是重点，这不仅是个人的事情，更是整个家庭的事情，需要开源节流。

★ 决定创造什么样的成功

中年阶段，职业生涯可能到了瓶颈期，很多人把事业发展视为尊严，反而带来内耗和冲突。尝试与自己和解，让自己成为灵活有智慧的人，用真诚的态度善待自己和生活，更是一种成功。

★ 在新的生命阶段找到意义

了解自我，找到自己的梦想、使命和真正的价值，探索不同身份角色，发现什么是自己生命过程中最重要的，创造属于自己生命的意义。

★ 确定新的目标

任何新的人生阶段都可能引发身份危机。步入中年的停滞感可能会引发中年身份危机。重新寻找新的生活目标将有助于解决危机，比如把注意力放在培养下一代。

★ 重新获得对生活的掌控感

坚持锻炼身体，持续修炼自己的内心，提高心性和境界。从小而具体的事情做起，如：书法、绘画、做家务等，能帮助我们感受到确定感，获得内心的稳定，这种感觉会泛化到生活的方方面面，让我们重获对生活的掌控感。

每个人都可能会面临中年危机，一路走来到中年，我们已经解决了生活中的上万个困难和挑战。危机是相伴一生的正常现象，而焦虑和无力是人到中年普遍存在的情绪，用自己过去生活中收获的经验智慧和正知正念去面对，给自己时间去适应，我们一定能提高内心智慧和人生境界。

中年时期既是危机也是契机，这是一个向内看、向内整合、自我探索、自我成长、活出真我的契机。愿我们的中年之路、人生之路越走越宽，创造生命中新的妙境。

工作VS生活，我裂开了

一、心理案例

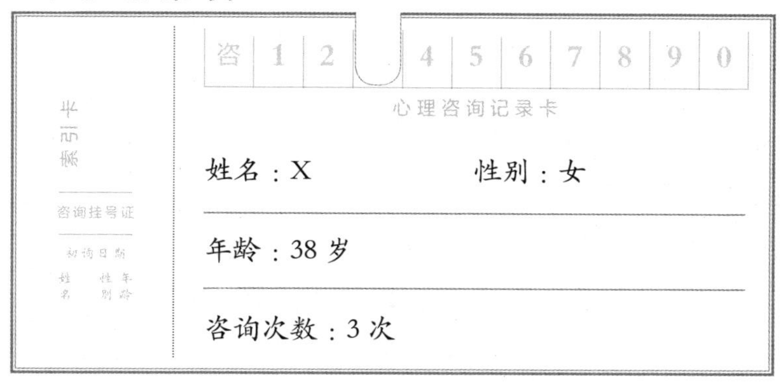

心理咨询记录卡

姓名：X　　性别：女

年龄：38岁

咨询次数：3次

来访者主诉

X女士工作15年，现任某500强公司人力资源部经理，刚从上一家公司跳槽不到8个月。目前她主要负责的是公司在亚太地区的人力资源开发工作，同时参与公司薪资和福利制度的制定。虽然她去年初刚进这家公司，但由于当时部门人力不足，年初又是最忙碌的时候，留给她熟悉新岗位的时间并不多，就只能边做边适应。她也想好好表现，因此一进去就接手了上任经理留下来的好几块工作，压力非常大。

X女士5岁的儿子强强现上幼儿园中班。强强出生后不久，X和丈夫便将房子置换到了离父母和公婆家都不太远的小区，一般白天由家里两边老人接送上学，晚上和周末则由她和老公自己带。不过由于她先生每年有一半的时间都在外面出差，因此多数时间都是X在照料家庭。换新工作后，X虽然收入上升，但工作量比以前增加不少，而且每月还有1 ~ 2次出差，有时很难顾及家庭。儿子经常生病，需要妈妈的照料，X还因为儿子调皮多次被老师叫到学校。家中的几个老人因为一些观念、思想和生活方式的差异，常常会产生分歧。X因此感到心力交瘁，可每次与丈夫提起，对方却认为这些都是鸡毛蒜皮的小事，并不上心，X则需要经常周旋在孩子和双方父母之间。特别是这段日子，X感觉自己无法专注工作，开会时老走神，好几次工作报告都出现了差错。同时她的情绪也出现了问题，总是打不起精神，很内疚，觉得对不起家人，但又莫名地容易发脾气，吓得儿子在家都不敢说话，也不敢和她亲近，家里似乎经常笼罩在乌云之下，老人和先生都对她颇有微词。

X女士的烦恼大概如下：

★加班、开会太多，经常有出差，忙得焦头烂额，作息、饮食不规律，导致身体疲劳，胃口大不如前，睡眠质量受到影响。

★工作占用了很多家庭生活时间，陪伴孩子的时间少，感觉自己作为母亲的角色没有做好，出现内疚、自责情绪。

★因为教育孩子的事情与丈夫发生了争吵，觉得老人太宠孩子，什么都顺着，一方面她无法直接去责备平时一直尽心尽力照顾孩子、对她的工作也非常支持的爸妈和公婆，另一方面又为自己无法腾出很多时间亲自教育孩子而自责。

★情绪焦虑、烦躁、易怒，工作中无法集中注意力，不自主想到家里的事情。

重要成长经历或生活事件

X是独生女，父亲性格急躁，工作繁忙，对X很严格，希望她有上进心，“全面发展”，从小对她批评比较多。母亲比较关心她的身体健康，对家里的事操心多，小时候父母经常会争吵。X和父母都不算太亲近。X自述受父亲影响非常大，从小就比较独立、好强、有主见、品学兼优，因此她的学业之路极其顺利。研究生毕业后她放弃了令人羡慕的“稳定的”公务员职务，选择进入一家外企工作，从一个普通的人力资源专员做到了部门经理。

7年前，X经人介绍认识了现在的先生，交往一年后结婚，婚后一年生了强强。产后4个月她就因为公司年底忙很快回到了工作岗位。8个月前出于对自己未来事业发展的考虑，X希望换个环境挑战一下自己，于是跳槽到了目前这家世界500强公司。

关键对话摘要

X：现在的公司虽然比以前要好一点，但是对我来说还是很痛苦的，加班到晚上10点是常有的事。但是我毕竟是有家庭有孩子的人了，总要考虑到孩子的。而且我年纪也不轻了，身体跟不上，睡不好容易疲劳，一忙就没有胃口。

治疗师：除了工作，你还要照顾一家老小，非常不容易。

X：唉，我不太满意现在的状态。平时大部分时间都在工作，一到周末就觉得很累只想休息。有时候我看着强强就会想，自己没有时间和他玩，和他说话，我这个妈妈真的很不称职。

治疗师：看得出来，因为工作的原因没有时间陪伴儿子，你觉得很内疚。

X：是的，现在正是孩子需要我的时候。可是，我刚接手这个工作时间不长，人力资源部的人员调动比较多，我也一直在接新的项目，近期还有同事离职，压力挺大的。说实话，累的时候我挺想辞职回家的。有时到了晚上，我会不耐烦，会朝孩子爸爸发火，把火气撒在他身上。

你知道吗？有一天我早上5:30就起床上班了，回到家已经是晚上9:30。强强和奶奶已经睡着了，一个在床上，一个趴在床边，桌上整整齐齐地放着第二天去幼儿园要用的衣服和包包，我当时就哭了，觉得很对不起他们。

我感觉工作占用了我太多的时间，可我也不知道怎么做才好，就像到了那个时间，你穿上红舞鞋就必须转起来。我也不太可能辞职，这份工作是我好不容易努力才得到的。

治疗师：我能感受到目前你很努力地在职场精英和称职的妈妈、媳妇以及妻子角色之间周旋，却因为无法“鱼与熊掌兼得”而非常苦恼。你在事业上的投入似乎已经影响到了个人和家庭生活，让你很难维持平衡。

评估

一般性心理问题，因为工作与家庭生活、育儿产生冲突，无法平衡而引发的情绪问题。

治疗师：孙医生

2023年12月

二、掌握心理关键词

工作-家庭平衡 | 不仅仅是平衡时间

1. 关键词描述

“工作-家庭平衡”指的是工作和家庭功能良好，个体能平等地参与工作和家庭的角色活动，并能获得同样的满足感，即个体角色冲突最小化。

与之对应的是“工作-家庭冲突”，指的是个体面对工作与家庭中两种角色不相容所产生的压力，即参加工作（家庭）角色的活动因参与家庭（工作）角色的活动而变得更加困难，包括因为工作干扰家庭的“工作-家庭冲突”和因为家庭干扰工作的“家庭-工作冲突”。

冲突产生的原因：

- 基于时间的冲突：由于个体在生活中扮演不同的角色，满足角色的要求和期待要占用个体有限的时间，这样的情况就会引发“家庭-工作冲突”。

X女士跳槽后加班是常态，还需要经常出差，工作占据着她大部分的时间和精力，用于家庭生活的时间自然不够。此外，因为下班后还需要承担家务、育儿等家庭负担，她在有限的工作之余无法得到充分的休息，饮食、睡眠无规律，导致精力不足、状态不佳，进而在面对工作时无法保证效率，造成出错。

● 基于压力的冲突：工作领域和家庭领域对于角色的要求和期待有着明显的不同。个体需要在角色间进行转换，不然就会出现压力的跨界渗透，产生压力叠加。当工作与家庭的角色压力过大时，一方产生了对另一方角色扮演的阻碍，以至于无法满足另一方的角色需要时就会导致角色冲突，出现“双输”状态，对工作和家庭生活都带来负面影响。

X在新的工作环境中，与整个团队还处于磨合期，她的管理能力还有待提高，工作角色需要她能力出色，胜任工作。同时，作为妈妈，X常常在上班时会担心孩子的情况，有时接到老师的电话也会心神不宁，工作中注意力不够集中就容易出错。如何统筹兼顾两个角色的期望成为X面临的主要问题之一。工作和家庭之间的冲突是相互影响的，对孩子的担心会影响到工作，工作上的问题没有得到解决也会使X即使回到家中仍然保持紧绷，整个人无法放松下来。

● 基于行为的冲突：每个角色都有相应的行为模式，当角色之间的行为模式不相容时，就需要个体及时调整自己的行为模式以完成自己所扮演的角色，如果没能及时调整十分容易发生角色冲突。

例如，X在公司作为独当一面的人事经理，在与部门同事及下属沟通时，常常是不苟言笑，公事公办地安排工作，如果遇到一些严重的错误会比较严肃地对其进行批评和教育。但是如果回到家中面对丈夫或父母、公婆也是一样的行为模式，不仅无法解决问题，反而会影响家人之间的感情，加深家庭内部矛盾。

2. 心理学解读

家庭和工作领域会产生不同的需求和压力，家庭和工作角色冲突之所以会产生是因为角色之间有不同的要求，当角色间的要求无法相容时便会产生角色冲突。布特尔（Beutell）提出，工作-家庭冲突本质上属于角色冲突中的特殊形式——角色间冲突，指当一个人同时扮演两个角色时发生的冲突，即个人因家庭角色和工作角色在时间和精力上的冲突，而引发的负面情绪增加、工作压力增加，以及家庭功能混乱的一种现象。

近年来，女性受教育水平不断提高，职场中女性群体的数量不断增加，很多女性像X一样通过多年的努力，成了行业中的主力军，但同时她们又要面临传统文化对女性在家庭照料方面的要求。职场上需要以相同于男性的价值尺度要求自己，在家庭中需要按照贤妻良母行为准则行事，女性需要在家庭和职场的不同角色间不断转换，承担着工作与家庭的双重压力，如果没有很好的时间管理能力和社会支持，角色之间的冲突和不平衡就会影响她们的职业稳定发展和家庭的和谐幸福，引发心理健康问题。

对于X来说，从之前非常独立的单身女性，到后来成家、成为妈妈，她的角色除了职场打工人及管理者，同时还是母亲、妻子、女儿和儿媳。由于父母、公婆共同参与教育孩子，不免会在生活琐事中发生摩擦和矛盾，这就需要X付出一定的心力去调和。特别是跳槽之后，多重角色都面临挑战，想要维持个人工作与生活的平衡需要的不只是时间控制，更为重要的是适应家庭角色增多之后带来的种种压力。

3. 当事人画像

哪些人容易出现工作生活不平衡呢?

● 自我要求高，完美主义：

X从小对自己要求很高，做事追求完美，这使得她不止在工作中追求尽善尽美，对于身边的家人包括丈夫和孩子都要求很高。正是因为这样的高要求，使得大家都有压力，有时候家人之间的相处也很紧绷，稍有不慎就会踩到X的雷区。

● 急躁，易怒，缺乏耐心：

X受到原生家庭的影响，和她父亲一样，也是一个暴脾气。在高压的工作环境下，她无法很好管理自己的工作和生活，常常将工作中的问题和产生的负面情绪带回家里，对家人缺乏耐心并且易怒。她在工作中的行为方式和负面效果使她无法在家庭中扮演好妻子和母亲的角色。

4. 预防或调节方式

在生活的某个阶段，你有没有感觉自己变成了时间的奴隶，每天疲于奔命，但毫无成就感，好像只是在生活的及格线上徘徊？或者感觉自己好像走在细细的钢丝上，稍不留神就会坠入深渊？显然，X就处于这样的困境。

平衡工作与生活，并不像我们想象的那样有一个标准答案，因为每个人都有自己独特的平衡点。平衡点取决于个人风格——你是更享受家庭生活、独处还是工作？你的人生目标是什么？什么能带给你满足感？同时，这也取决于你所处的环境——生活是否要求你更努力地工作以换取物质回报？是否有人能够帮助你照顾家庭？最后，还取决于你所处的特定的生命周期——孩子的出生，父母的患病，都会要求你在家庭中投入更多精力。

生活和工作的平衡是一种动态的平衡，需要我们时时检验平衡点的变化，并做出相应调整，甚至是放弃一些东西。

★ 调整期待

制定一个与自身能力相匹配的目标，放下自我全能的想法，接受每个人能做的事情都是有限的，每个人都需要休息和放松。只有张弛有度，生活才能平衡。合理的期待包括做与自身能力相匹配的工作，制定与收入相匹配的家庭支出计划，维持自身精力所允许的朋友圈子等。

★ 确立工作与家庭的界限

我们必须在工作和家庭之间建立界限。这意味着确定哪些行动是可接受的，哪些是不可接受的。界限是为了保护你的工作不受家人的干扰，也是为了保护你的家人不受工作的影响。有了明确的界限，你就更容易判断自己的行为是否有利于生活的某一方面。

要不要放下工作，回到家庭中，投入更多的时间与儿子相处呢？这是X最为矛盾的一点。解答这个问题，需要去弄清楚X的家庭究竟需要什么。儿子强强还处在不能自我调节情绪和行动的年龄，需要家长更多地体会他的感受，同时设立一定的家庭规则；X自己工作生活两头忙，需要丈夫的理解、肯定、欣赏与关心；与照顾孩子的四位老人相处也不易，需要夫妻双方在生活上多关心，多劝慰。一旦清楚了这些，就可以对症下药，更有效率地满足家庭对她的需求。X家不妨召开一个家庭会议，共同讨论明确照顾家庭和孩子的责任分工，让包括丈夫在内的所有家庭成员都参与进来。这样X女士的压力会小很多。

工作也是如此，作为一名人事主管，不必事必躬亲，X可以把时间更多地花在培养和管理下属上，这样她就可以用更少的时间创造更多的绩效。无论是家庭还是工作，都应当学会适时“授权”，当然，在授权的同时，不要忘记提供鼓励、支持和解决问题的资源。

★ 专注做好当下的事

如果你总是在为自己无能为力的事情担心，那么会大大降低当下的工作效率。相反，无论是处理工作还是家庭，如果你在过程中足够投入，让你的大脑和身体都停留在“此时此地”，就会拥有更高的效率。此外，这样做还会大大节省你在不同事务之间相互转换所要消耗的时间和精力，因此也就能够获得更多时间。

说起来简单，真正要做到非常难。我们总是在工作的时候想着自己的生活，比如今天晚上吃什么，孩子的老师好像教得不是特别好，这个周末去哪里玩……而当我们回到家后，可能又在想着有个重要的客户还没谈下来，还有一封电子邮件忘了回复等。当我们遇到这种情况时，可以告诉自己，当下最重要的事项是什么，把注意力拉回当下即可。要知道，认认真真地做好眼前的事情，才是我们完成目标和生活的捷径。

★ 在工作和私生活之间创造放松时间和空间

在漫长而又充满压力的工作时间之后，我们特别容易把工作中积累的压力和不良情绪带回到家里，而这些不良情绪又会给生活带来巨大的影响。

假如我们在完成自己一天的工作之后，可以让自己的心情先放松一下，再回家去面对家人，就会感觉好很多。比如，可以去自己喜欢的咖啡馆喝杯咖啡小憩一下，听听自己喜欢的音乐，闭上眼睛稍微冥想那么一会儿，提前一站下车走回家或者是慢跑回家。总之，一切可以让你放松心情的活动，都会对改善情绪、缓解焦虑有帮助。放松时间就有点像工作和生活之间的润滑剂，让两者可以柔和连接。

你还可以通过在工作和生活之间创造属于自己的一点小小的仪式感来平衡两者的关系。比如下班到家后，把自己工作时穿的鞋子脱在外边，换上居家鞋，用这种小小的仪式告诉自己，现在我要回家了，我彻底跟自己的工作说再见了。

TIPS 身“煎”多职的时间管理技巧——四象限时间管理法

所谓四象限时间管理，就是把工作的事和家里的事分别放到四个象限里：重要又紧急的、重要但不紧急的、紧急但不重要的、既不重要也不紧急的（如图1-1四象限的时间管理）。根据不同象限的事务合理分配时间，优先处理第一象限的事情，有计划地安排第二象限，减少第三象限的干扰，灵活安排第四象限的事项，从而更好地平衡工作和家庭。

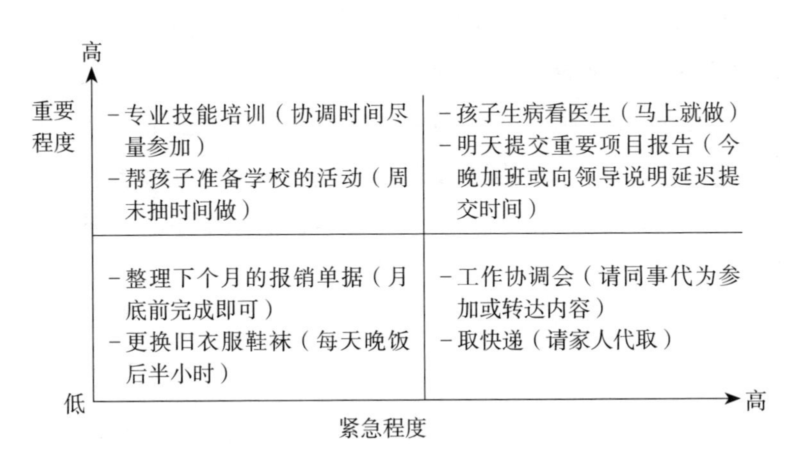

图1-1　四象限时间管理

● 第一象限：重要且紧急

工作上，有一个马上要提交的重要项目报告，需要集中精力尽快完成，这就属于重要且紧急。家庭中，孩子突然生病需要立刻带去医院看医生，也需要马上处理。

● 第二象限：重要不紧急

工作方面，参加一些提升专业技能的培训课程，虽然不紧急，但对职业发展很重要。家庭里，帮助孩子一起准备下周学校的公益活动，增进亲子关系，这是重要但可以合理安排时间去做的事情。可以安排周末的某个时间段来专门进行。

● 第三象限：紧急不重要

比如工作中领导临时通知要召开一个的工作协调会议。比如生活中突然接到快递员电话要下楼取件。对于这些，可以尽量快速处理或委托他人帮忙，不要让它们过多占据时间。

● 第四象限：不重要不紧急

工作上，整理下个月的报销单据或打扫办公室。生活中，更换一些用旧了的衣物鞋袜等。对这些事要尽量减少投入，避免浪费时间。可规定自己每天只在晚饭后用半小时处理这类事情。

职场生态可以说是世界上最复杂的生态系统之一。对内，需要和不同部门同事和上下级沟通协同工作，对外又需要和各类合作伙伴高效沟通以确保事项顺利推进。其中既涉及日常工作中的事务性沟通，又关系到与同事及合作伙伴之间情感关系的建立和维护。

职场上的人际表现会极大影响我们的整体表现和发展前景。有的人到哪儿都人缘很好，总能得到贵人相助，左右逢源；有的人则总是被孤立，不受欢迎，也很难融入团体。这其中自然有性格的因素在，但也和人际交往的技能有很大关系。本篇会在探讨各类职场人际议题后给出一些基本的技能，这些技能会让我们的职场之路走得更为舒坦顺畅，你准备好了吗？

第二篇

职场人际

专属I人的职场生存指南

一、心理案例

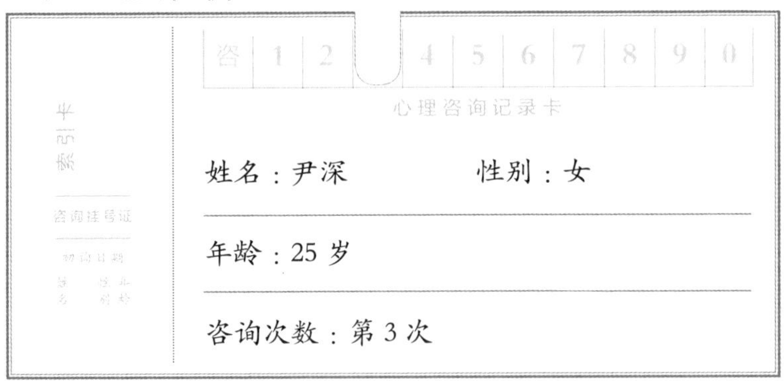

心理咨询记录卡

姓名：尹深　　性别：女

年龄：25 岁

咨询次数：第 3 次

来访者主诉

尹深工作两年多，去年因人际关系问题被辞退，三个月后找到了一份新媒体的工作。然而刚做没两个月，她就感觉自己还是难以应对工作中的社交问题，一想到自己要跟那么多陌生人打交道，还要面对镜头，她就很痛苦，工作效率也变得非常低，每天担心自己又要被辞退。她希望在心理咨询中解决“社恐”的问题，找到自己职场社交问题的症结。

重要成长经历或生活事件

尹深从小性格内向，不愿与他人交流。她从小和父母生活在一起，没有其他人照看。在尹深上小学以前，父母为了照顾她，两个人要协调好倒班时间，以确保家中至少有一个人可以带她。可是有时候时间把握不好，尹深就要一个人在家——短则十几分钟，长则一两个小时。尹深一个人在家的时候非常警惕。楼房的隔音不好，她总是会竖起耳朵听外面的脚步声。有几次碰到邻居和送货的人来敲门，她气也不敢出。等外面的人走了，她就会不停打电话给父母，问他们什么时候回来。

在成长的过程中，尹深逐渐觉得跟人打交道是件非常令人不安的事情。她认为这起源于小学时被欺负的经历。小学五年级的时候，班上有一伙同学特意叫住她，说她是丑八怪，班里没有人喜欢她。这让她伤心难过了很久。她没有将这件事告诉老师和家长，因为觉得没用。初中也有让她印象深刻的经历：有一次，老师非常严厉地批评她上课讲话，她因此焦虑发作呼吸困难，整个人都感觉要窒息了。那天正好考试出成绩，尽管考得不错，但父亲还是严厉地批评了她，责问她为什么扣分扣在了非常低级的错误上。当尹深委屈地哭着诉说了自己的感受后，父亲却完全不理解，还严厉呵斥："哭什么哭，这有什么好哭的！"，因此她再次出现了呼吸困难等症状。这之后尹深跟别人说话就会感觉到紧张，尤其是那些看起来很权威的人——父亲、老师、老板等。

人际关系上，尹深没有什么亲密的朋友。她自认为对人很好很善良，但是与朋友的关系都以对方伤害了自己而告终。屡屡在人际关系上受挫后，她变得不再喜欢和人多说一句话。工作之后，因为不得不与人交流，她感觉心理上非常消耗。当别人要跟她讲话时，她总是无法及时回应，像电脑死机那样卡住，直到事后才能慢慢反应过来。尹深很难与别人合作、主动交流。这次前来咨询的起因是，公司要求她在年前进行一场线上直播，并且还要参与一部分策划。知道这个消息之后，尹深陆续出现以下症状：

★ 睡眠表现：入睡困难、早醒，总是做梦，梦里都是直播"翻车"的画面。

★ 躯体表现：腹泻、胃痛，总觉得身上很痒，出现皮肤问题。

★ 情绪表现：焦虑不安、情绪低落。

★ 负性认知：灾难化的想法（我一定做不好，我会被辞退，我的人生都完了）。

关键对话摘要

尹深：有一天我和一个同事一起吃午饭，她突然对我说："小尹，我听领导说下个月咱们部门要出一场直播，推荐一下公司的产品。这个任务交给你了，加油呀！”我当时懵了，问她：“为、为什么叫我去啊？”同事说：“你长得漂亮又有气质，你不去谁去啊！”我说：“可是我不行啊，我是个I人，我会‘社死’的。”同事对我有点无语：“小尹，我要是你，领导给我机会，我肯定马上冲上去。想想看，直播！很多人都能看到你，说不定还有机会拓展自己的人脉，多好的事情！”

治疗师：“是个I人”是什么意思？

尹深：网上那个很火的MBTI心理测试，我是I，就是指内向型的人，我那个同事是E。我觉得这个挺准的，因为我从小就很社恐，我同事社牛得不得了。她就是那种无论什么社交场合都能跟人称兄道弟评头论足，虽然也经常说错话做错事，但是好像没有人真的讨厌她。我就不一样了，别人跟我说话，我基本都不知道怎么回应，生怕说错了话、做错了事。一句话说完，后面还要自己消化半天，感觉非常累。还有个很夸张的例子。有一次有个很重要的会，要对某个产品提意见，领导叫到我的名字，我直接愣住了，大脑一片空白，什么话也说不出来。后来没多久，我被裁了。我感觉跟这件事情有关，因为后来听别人说，领导觉得我工作能力不行，认为我在“摸鱼”。

治疗师：那你想过事后去跟领导进行解释吗？

尹深：不行，根本不行。想到要去解释，我整个人都头皮发麻。我可以跟我的朋友单独说话，但这个人是我的领导。我根本没勇气往她的办公室看，更别说要进去解释了。

治疗师：如果去解释，你的想象中可能会发生什么？

尹深：我话可能都没说完，就会被她打断。因为我紧张的时候说话结巴又慢，可能让她觉得不耐烦，会觉得我更差了，说不定当场就会叫我滚蛋。

评估

一般性心理问题，来访者性格内向，存在社交焦虑，难以适应社交情境，并伴有情绪的躯体化表现。

治疗师：煦医生

2022年8月

二、掌握心理关键词

社恐 | 如何找到我的社交“舒适圈”？

1. 关键词描述

社恐，社交恐惧症（social phobia）的简称，又称社交焦虑障碍（social anxiety disorder，SAD），核心症状是怕被人审视和关注，一旦觉得有人注意自己就不自然，不敢抬头、不敢与人对视，甚至觉得无地自容；不敢在公共场合演讲，集会不敢坐在前面；回避社交，在极端情形下可导致社会隔离。社恐常见的恐惧对象是异性、严厉的上司或熟人。社恐者往往自我评价较低、害怕批评，社恐“发作”时可能有脸红、手抖、恶心或尿急等症状，可发展到惊恐发作的程度。“社恐”这个词在公众中有时候仅仅指的是害怕社交、回避社交，还达不到社交焦虑障碍的诊断标准。

和“社恐”紧密相关的是时下流行的MBTI。

MBTI全称叫迈尔斯-布里格斯类型指标（Myers-Briggs type indicator，MBTI），是一种性格测试量表，这个量表以瑞士心理学家卡尔·荣格的心理类型理论为基础发展而来。MBTI将一个人的心理类型从四个维度进行描述，每个维度又包含两种类型（详见表2-1）：

表2-1　MBTI性格测试量表的维度与类型

维　　度	类　型　1	类　型　2
驱动力的来源	外向E（extrovert）	内向I（introvert）
接收信息的方式	感觉S（sensing）	直觉N（intuition）
决策的方式	思考T（thinking）	情感F（feeling）
对待不确定性的态度	判断J（judgment）	感知P（perceiving）

这两个类型是每个维度的两端，每个人可能在不同的维度

上倾向于某一端，于是就组合成16种人格类型的描述。MBTI被应用于很多实际场景中，比如职业咨询和职业生涯规划里，而现在MBTI之所以能在社交媒体上流行，也和这种分类在一定程度上可以较好地描述一个人的人格特质有关。案例中尹深说自己是I人，就是由这个测试来的。

2. 心理学解读

为什么会内向？为什么会恐惧社交？这里面的原因很复杂，有先天的因素，也有后天的影响。关于人格的先天因素，有许多有趣的双生子研究，其中最吸引人的是明尼苏达双生子研究。表2-1展示了被分开抚养的45对同卵双胞胎在不同的人格特质上的相关系数，相关系数越高，说明遗传因素主导的可能性越高：

表2-2　分开抚养的同卵双生子之间的相关性

人格特质	相关系数
幸福感（Sense of well-being）	0.49
社交潜力（Social potency）	0.57
成就取向（Achievement orientation）	0.38
社会亲密性（Social closeness）	0.15

续 表

人 格 特 质	相 关 系 数
神经质（Neuroticism）	0.70
孤立感（Sense of alienation）	0.59
攻击性（Aggression）	0.67
抑制控制（Inhibited control）	0.56
低冒险性（Low risk taking）	0.45
传统主义（Traditionalism）	0.59
专注或幻想（Absorption or imagination）	0.74
平均相关系数	0.54

资料来源：Bouchard & McGue, 1990; Tellegen et al., 1988.

可以看到，有的人格特质似乎与遗传更相关，而另一些特质在理论上基因相同的双胞胎之间，相关系数较低。这一点给我们的启示是，尽管我们的文化鼓励一个人要“外向点”，但这对有的人来说比较容易，而对另一些人来说是非常困难的——不是因为他/她不努力，而是天性如此。当然，一个人的人格是逐渐形成的。不管天性的倾向如何，随着一个人的成长和心理发展，人格中的各种特质都会此消彼长，慢慢形成相对稳定的人格特质。

那么，如果拥有一个稳定内向的人格，一定会“社恐”

吗？其实不尽然。内向不是一件坏事，不同人格类型的人都有他们可以适应的工作与生活。只是在大部分的社会文化情境下，内向会与“不好接触”“不讨人喜欢”“不擅长社交”等标签挂钩，从而给内向的人带来一定的社交上的阻力。其实，人格特质内向的人，只是将一个人更多的心理能量及焦点用在体验内心世界中的经验和想法上。换句话说，内向的人不一定是害怕社交、不能社交，有可能是他们不想。只是在社交情境下，相比外向的人，内向的人似乎不那么主动，导致在需要社交的职场中容易吃亏。

既然社交焦虑障碍与人格是否内向没有直接关系，那它又是怎么来的呢？社交焦虑的生物学病因目前并未明确，有一些研究表明，社交焦虑障碍可能与去甲肾上腺素系统的功能亢进、五羟色胺系统敏感性升高、下丘脑-垂体-肾上腺轴（the hypothalamic-pituitary-adrenal axis，HPA）过度反应等生物性因素有关；也有研究认为社交焦虑障碍和某些成长环境因素有关。从心理特征上看，社交焦虑障碍患者一般会过分在意别人的评价。这种过分在意可能源自他们的成长环境，例如总是处于没有安全感的环境中使得患者从小处于比较压抑的状态里、所处的社会环境较为恶劣、与人交往时受到的挫折较多等。患有社交焦虑障碍的人也有可能一直没办法从养育者或朋友等重要的人那里获得恰当的社交技能。社交焦虑障碍之所以会延续下去，还与一些思维模式有关。例如，有的人在社交前后会过度自我反省，不断批判自己的所作所为、所思所想，然后积累大量的负面情绪，整个人非常难受、过度内耗，最终丧失了社交需要的精力和勇气。这种难受会让人对下一次社交情境感到非常害怕，导致一系列恶性循环。有一句话可以形容社交焦虑障碍患者的感受，那就是："战战兢兢，如临深渊，如履薄冰。"

3. 当事人画像

结合上文，我们知道，尹深从小就比较内向，这可能是她先天的性格基础。而后天成长经历也造成一定影响。父母有时候不得不留幼小的她一个人在家，这让她容易对外界环境生出一种不安全感。这种不安全感也体现在她在被霸凌的时候不敢告诉老师和父母，因为觉得没用。当然，可能也没人教过幼小的她遇到这种情况该如何处理。父亲对尹深有很高的要求，甚至不允许她哭，尹深很可能经常处于比较压抑的状态中，这也会慢慢演化为与权威沟通时的恐惧和害怕。此外，人际关系上的挫败也是她逐渐"社恐"的原因之一。比如，有过被霸凌的经历，让她对人际关系产生恐惧；当她想要通过对别人好来获取好的人际关系的时候，又总是得到不好的结局。

对于尹深来说，与社交相关的焦虑也与她经常出现的负向思维有关。负向思维一般都指向一些绝对的、灾难化的想法。比如，当被领导问到意见时，她的大脑中出现的可能是领导对自己想法的质疑，或者是怕领导误解了意思，导致严厉的批评……这些想法有时候会在我们难以意识到的地方自动运行，就像是开车回家时导航的“熟路模式”，自动地导向“领导讨厌我”“我什么工作都做不好”“我怎么这么笨”这条熟悉的道路上。而此类自动思维的背后，则是一直以来积累起的“我没能力”“没人喜欢我”等很难撼动的厌性信念的大山。棘手的是，因为有这样的大山在，所以尹深的结局总是类似的——那个有能力的人变得像是没有能力一样，那个不善于社交的人变得似乎没人喜欢，而那些不良的结果和情绪似乎又在对她说：“你本就是如此。”

如果你觉得自己和尹深很像，可以看看以下这些表现中，你有多少是符合的，符合的条目越多，持续的时间越长，对你的工作、生活等方方面面的影响越大，你的社恐程度就越深：

● 尽量避免去任何社交场合，如果必须去，会非常内耗，因为要努力克服自己强烈的焦虑或恐惧感去社交。

● 不想成为任何场合的焦点，希望自己没有存在感，否则被别人评价的负面情绪会一直萦绕心头。

● 讨厌演讲等公开发言的场合，即便准备好了，也可能到现场一句话都说不出来，严重时大脑会一片空白，出现“死机”的状态。

● 完全不喜欢接电话，手机通常处于静音状态，即使响了也经常假装没接到。

● 不愿意打开会显示“已读”的社交软件，因为你很多时候不知道该如何回复别人，而“已读不回”会让你感觉到自己正在被观察和评价，并产生强烈的担忧和害怕。

● 很害怕跟人交谈，会无所适从，出现手心冒汗、心跳加速等身体反应。硬要聊天的时候甚至会紧张到结巴。

不善社交与社交焦虑障碍的区别

很多人都会在社交情境下感到焦虑或恐惧，表现出害羞的状态，这都是正常的。只有当我们的社交恐惧、焦虑和回避行为明显超过特定的文化背景中的正常程度，并且给我们带来明显的痛苦或造成社会功能损害的时候，才是社交焦虑障碍（不善社交与社交焦虑障碍的区别详见表2-3）。

表 2-3　不善社交 vs 社交焦虑障碍

不善社交	社交焦虑障碍
在一个或者多个社交情境时有一定程度的担忧，这种担忧程度不重（比如不擅长演讲的人要去演讲，可能会有一点紧张）。	在一个或者多个社交情境时持续出现明显过度的恐惧或焦虑（比如只要想到要去演讲，哪怕还没上台，都会非常害怕，心慌、手抖、吃饭时没胃口、睡不着觉）。
可能会担心自己的言行不恰当让别人不舒服，也可能不觉得自己的言行会给别人带来伤害，有时候会觉得害羞。	担心自己的言行或者呈现的焦虑状态会导致负面的评价（被羞辱或尴尬，导致被拒绝或冒犯他人）。

续 表

不善社交	社交焦虑障碍
有时候会回避社交场景，在无法回避的时候会有较低程度的焦虑。	持续回避相关的社交场景，当无法回避的时候会带着强烈的恐惧或焦虑去忍受。
回避和焦虑都是暂时的。	症状至少持续几个月的时间。
对于社交会感到苦恼，但对个人、家庭、社会、教育、职业等重要方面的功能影响不大。	对于持续体验到的焦虑症状感到明显痛苦，给个人、家庭、社会、教育、职业等重要方面的功能带来严重损害。如果要维持功能，要付出大量额外的努力，导致个体感觉非常消耗。

4. 预防或调节方式

既然社交焦虑是对社交的恐惧和不安，并且伴随着自我怀疑和负面预期，那么想要进行预防和自我调节，我们就可以从以下方面着手。

★稳定自己，调节情绪

这一条适用于令人焦虑的社交情境正在发生时，不过相关技能也需要提前练习，直到掌握。

焦虑情绪来袭，我们会感到慌张、大脑一片空白，这时候理智是不在线的。因此我们需要先把自己稳下来，给理智一点空间，这样才能给社交打开一点不那么恐惧的空间。

第一步，让精神“着陆”。你可以理解为当我们陷入焦虑、恐慌等感受中时，我们内心的情绪就像一只在雷雨大风中被困在树顶上的猫咪，此时最紧要的事情就是先让“情绪猫咪”安全回到陆地上。这一步的核心是观察和描述。无论在哪里，请你快速环顾四周，在心里说出你所看到的第一个东西，描述它的名称、形状和颜色等。比如："我看见了一个透明的玻璃杯，它是个圆柱体，上面有一个企业的logo，杯子里有一半的水，金黄色，里面泡的是红色的枸杞。”接着，去描述你看到的第二个东西，例如："我看到了自己穿的衣服，是白色的，上面还有一点咖啡渍。”以此类推，直到你感觉自己没有刚才那么焦虑、大脑没那么空白、人回到了当下。在这个过程中你也可以慢慢地深呼吸。如果你曾经患有呼吸综合征，平时可以刻意地去练习慢慢地呼吸，确保自己不会在焦虑时刻发作。

第二步，让身体“着陆”。跟精神着陆类似，这一步是回到自己真实的感觉上，在内心观察并说出关于身体的感受。比如："我能用手感觉到皮肤的温度，我能感觉到我鞋子里面的脚趾，我能感觉到我的背靠在会议室的椅子上，我能感觉到我的手放在腿上。”之所以要进行这一步，是因为我们需要让自己重新相信自己身体此时此刻的感觉，而不是被焦虑带走，脱离现实。

第三步，调节情绪。在需要社交的时候，如果发现自己的焦虑值开始上升，可以用两种方法缓解。一个是通过渐进式肌肉放松，缓解一下压力（具体可参考P253“自我调节小技巧”部分）。如果已经紧张到无法让自己放松，另一个办法是给自己准备一个温暖的东西，例如热水杯、暖手宝，或者是毛绒挂件。当感觉到焦虑的时候，紧握那些让自己感觉到温暖的东西，同时接纳自己的感受。这种接纳的感受需要提前练习，找到适用于自己的语句，例如："不要责怪自己，接受自己的感受”“我知道我很焦虑，没关系”“我很棒，我相信自己”。当感觉到情绪缓和一些的时候，再去进行社交。不用担心这种调节用时太久，我们可以在进入社交场合之前就开始调节，不需要等到社交开始的时候再进行。当然，如果是突然被cue（被点名），“紧握温暖的东西”是最快的方式。

★ 制定预案，提前演练

大部分人对于社交的焦虑，可能来源于对未知情境的过度恐惧。因此，我们可以为自己列一个“社恐清单”（详见表2-4），明确可能让自己感到恐惧的情境是什么样子的。比如，“我害怕在需要我去接客户的时候不知道要说什么做什么”。有了明确的情境，我们就可以去按照下表拆解：

表 2-4　我的社恐清单（例表）

情　境	我的担心	解决方案
我害怕在需要我去接客户的时候不知道要说什么做什么	客户问我不知道的问题，我万一答错，影响工作	提前列出客户可能会问的问题，并尝试解答
	不知道主动说什么或怎么做得体	预先准备一些话题和交流的素材，观察别人的做法，或者去询问别人经验（也可以在网上搜索）
	客户觉得我蠢	尝试练习接纳：有的人可能会对我有批评的态度，但是那不代表我真的蠢
	领导觉得我没招待好客户	了解反面案例，尝试理解什么样是“招待好”，学习区分什么做法是及格的、什么做法是优秀的，并尝试接纳自己不会总是满分
	害怕自己过度呼吸发作或者大脑空白	尝试练习稳定自己，直到熟练掌握

知己知彼，方能百战不殆。接下来，尝试在下面的表2-5里列出你的问题情境和解决方案吧：

表2-5　我的社恐清单

情　境	我的担心	解决方案

不过，即使制定了详尽的预案，做了大量的练习，也有可能遇到预案之外的情况，这是没办法的事。要知道，即使是社牛也会有宕机或出糗的时刻。但提前制定预案，练习得越多，就能帮我们把状况外的情境出现的概率降得越低。试着接纳自己，变得自信，也许才是战胜社交焦虑的终极法宝。当然，如果社交焦虑状态对生活和工作的影响太大，持续的时间又太长，还是要早日寻求专业机构和专业人员的帮助哦。

我走过最险的路，是“职场PUA”的套路

一、心理案例

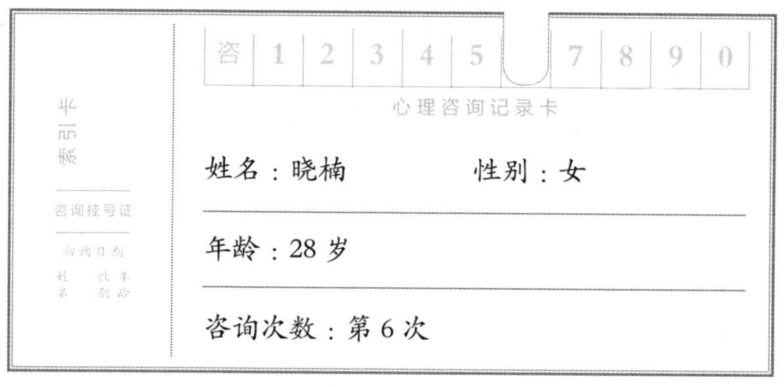
心理咨询记录卡

姓名：晓楠　　性别：女

年龄：28 岁

咨询次数：第 6 次

来访者主诉

晓楠工作两年有余，现任外企销售。因所在企业产品线调整，晓楠一年前换到了新部门。原部门的工作氛围融洽，领导和同事对晓楠的业务能力和工作成果都较为认可。但新部门的领导要求较高，同事间关系疏离。因在新部门连续两个季度

的销售任务未达标，领导多次找晓楠谈话、批评，并经常要求她持续加班，完成自己职责范围之外的工作。

第三季度晓楠销售任务勉强达标，在月底部门工作总结会上，领导却还是严厉地批评了她，而且布置了很多额外的工作任务，包括帮助团队其他同事完成繁杂的基础工作。会后领导还将晓楠留下，对其解释说额外的工作任务是为了培养新人，提升她的业务能力，并许诺当她完成更高的销售指标后，会帮她争取更多奖金。但随着整个市场环境的变化，客户需求量减少，晓楠的销售业绩一直没有起色。经历一系列事件后，晓楠陆续出现以下症状：

★情绪低落：情绪持续低落一月余，快乐感受缺失；易出现自责及内疚情绪。

★兴趣减退：不再进行原本的爱好，如定期参与羽毛球活动、手工编织等。

★认知改变：注意力下降，工作效率降低，难以应付日常压力。

★其他：伴精力不济、入睡困难、食欲不振等症状。

重要成长经历或生活事件

7岁时因为父母工作调动，需要去外地工作，晓楠被迫住在奶奶家，直至小学毕业，因此在这一期间和父母聚少离多。

奶奶因家务事忙碌，对晓楠疏于照顾。小学三年级时弟弟出生，随父母在其工作地生活，父母因要照顾弟弟，对于晓楠的关注减少，常常一个月只打一两个电话。

初中时晓楠回到父母身边生活，但由于感情比较疏离，加之父母更喜欢弟弟，晓楠常常感觉自己“被抛弃了”。但她学习成绩一直非常优异，每次考试名列前茅，父母就会表扬她，把她作为弟弟的榜样，并会给予她奖励和礼物。

关键对话摘要

晓楠：这个季度我可能又完不成指标了。其他同事都完成了，只有我……经理说我能力不行、也不够努力。可我真的已经尽力了！今年我几乎天天加班，每个潜在客户都很用心跟，还要帮着同事做标书、做报销，每天只能睡4、5个小时。可最后我还是最差的那个。

治疗师：除了自己的工作之外，你还要帮助其他人完成工作？这很不公平！

晓楠：没什么不公平，我拖了团队后腿就应该多做些基础工作，这也是领导给我的机会，让我提升业务能力。

治疗师：你说自己拖了团队后腿、帮其他人工作是提升业务能力，这些是你的想法，还是有谁这样告诉你的？

晓楠：是我部门经理，虽然工作上他要求蛮苛刻的，但这些也都是事实。再说我本来就很难拒绝别人的要求，有点讨好型人格吧。所以我很讨厌自己，又胆小又无能！每天上班都觉得力不从心，有点坚持不下去了。（她把头埋得更低了，声音越来越小，最后沉默下来）

治疗师：每次谈到工作、谈到你的老板时，你都有深深的无力感、内疚和自卑。但从你跟我聊到的工作表现来看，作为一个职场新人你其实已经很努力了，可是你所有的努力好像都被老板忽略了，反而还总是批评你、贬低你、打压你……他把你说得一无是处，又要求你像一个经验丰富的销售去完成很高的工作业绩。你甚至因为这个原因越来越抑郁。晓楠，你有没有想过一种可能：这些并不是你的错，你被PUA了！

评估

一般性心理问题，因职业压力和职场人际关系引发抑郁情绪。

治疗师：黎医生

2023年10月

二、掌握心理关键词

PUA｜工作中的人际陷阱

1. 关键词描述

说到“PUA（pick-up artist）”很多人并不陌生，曾有不少社会新闻提到过这个词，但其往往是发生在恋爱关系中。简单地说，PUA是通过社交技巧、心理操纵等方式，让别人产生情感上的依赖和信任，从而控制对方。虽然它被称为一种搭讪的艺术，但其实是不健康的人际交往方式，通常涉及对他人的情感操纵、欺骗、不诚实的行为，以及无视他人的感受和边界。在一段关系中，PUA行为可能会破坏信任、破坏他人的自我价值感。

PUA的原型出现于20世纪70年代的美国，最初目的是帮助有社交障碍的男性获得女性的青睐，被称为“极速引诱学”（speed seduction）。你也许觉得这个名字听起来是在忽悠渴望恋爱的男性，但其实不然，因为它有着心理学和神经语言学的依据。心理学家理查德·班德勒（Richard Bandler）和约翰·格林德（John Grinder）在研究中发现：人类的神经反应、语言及其行为方式间存在着一些显著的联系。简单地说，人们可以通过一些套路程式化的语言和行为套路，引起他人神经系统的变化，从而达到让对方注意你、认可你、加强人际沟通等目的。

心理学家们的本意是要造福有类似睡眠障碍、抑郁症、神经质、工作压力等心理问题的患者。但出人意料的是，研究成果却被广泛地借鉴应用到年轻人交友的行为中，帮助男孩更快更高效结交异性朋友。随着近年来的社会发展和剧变，PUA技术被快速泛化，不仅存在于恋爱关系中，更逐渐发展出职场PUA、校园PUA等各类社会人际关系，甚至还形成了PUA文化。

2. 心理学解读

如果说恋爱中的PUA会让当事人感到对方无时无刻不在控制自己的思想和行为，那么职场PUA则是让当事人感到自己无时无刻不在接受他人的评价和控制。所以很多人会好奇：只不过是打一份工而已，是什么让人们陷入这样一种“有毒”的关系模式呢？它背后的心理学动因是什么样的？让我们来一窥其中的真相：

让PUA起效的第一个心理因素是煤气灯效应。煤气灯效应是一种认知否定的手段，通过精神打压和操控方式，将虚假、片面或欺骗性的信息灌输给受害者，扭曲对方的认知，从而达到心理操控的目的。就像晓楠经历的那样，作为一个职场新人，她在原来团队中的工作表现得到了领导和同事们的认可，就说明她的工作能力并不差。但在调动到新的工作岗位后，领导却不断地贬低她的能力，并通过指责她完不成高额销售任务、拿她和老员工不公平对比等方式，歪曲她的自我认知。在这样的情境中，PUA行为还会通过制造焦虑和恐惧，激发受害者内心的不安全感，使其不得不接受那些不合理的要求，以寻求一种心理上的支持和安全感。比如晓楠就认为：我拖了团队的后腿，只能通过帮同事们做一些基础的工作，来加强自己在团队里的价值，从而确保自己不被嫌弃和淘汰。

另一个让人进入PUA圈套的心理学技术是刺激控制。刺激控制理论认为，人们的行为和反应是由外部刺激因素决定的，即环境、他人行为等刺激因素会影响个体的行为和反应。PUA者们往往会交替通过奖励和贬低的行为，使受害者情绪大起大落，内心反复在对奖励的期待和对打压的恐惧中交替纠结，导致将注意力都放在PUA者言行感受上，而不能自己进行理性思考，最终深陷对方的精神操控。晓楠的经理在团队会议上公开批评她，但会后却又给予其虚假的情绪安抚和许诺，正是这种奖赏与惩罚的交替刺激，让晓楠逐渐丧失了独立客观的思考，受到领导的精神控制。而且实施PUA的人通常会将自己的控制行为包装得合理又得体，借此对受害人进行打压、忽视。比如晓楠的领导一直以“提高你的业务能力”为借口，不断地要求她加班、完成额外工作，却完全没有给予相应报酬。

在这些心理控制下，职场PUA就像一个巨大的黑暗陷阱，吞噬着受害者的精神世界；又像一次次没有刀光剑影却极具破坏性的袭击，悄无声息地摧毁着受害者的工作和生活。

职场 PUA 经典话术

- **指责对方**：这是你的问题，你一定要给我搞定！
- **夸大困难**：这个工作非常困难，你肯定做不了的。
- **打压对方**：你能力不行，这个岗位不适合你。
- **强制要求承诺**：这事儿你得给我办好，不然有你好看！
- **隐瞒信息**：你问的这些都是管理层考虑的问题，你不需要知道。
- **诱导性语言**：这件事你做完了就离升职加薪不远了。
- **假装关系**：我把你当家里的晚辈看待，会为你打算的，你要听我的！
- **假装关心**：我批评、对你严格要求可都是为了你好呀。
- **诱导性承诺**：你看人家某某跟着我干就升职了吧。你也要加油！
- **制造焦虑**：如果不按我说的方案做，这个工作肯定完不成，后果你自负！

当你听到类似以上的一些对话时，内心应该立即响起反PUA的警报！你会怎么“怼”回去呢？任意选择3个PUA话术，用自己的方式回答一下吧。

作为反PUA达人，我会说：

____

____

____

如果想知道更多“反PUA达人语录”，请继续阅读，到P93页学习起来吧！

3. 当事人画像

四个容易被PUA的特征，你有吗？

晓楠说自己有“讨好型人格”，这可能的确是她被经理PUA的一个原因。其实严格地说，“讨好型人格”并不真的是一种人格类型，而是一类人的性格特点。他们往往倾向于过度关注别人的需求和喜好，并试图通过讨好别人来获得认可和关注。同时，讨好型人格的人通常比较敏感，容易受到他人的暗示和影响，也比较在意他人的评价和感受，这些人格特质使得他们在与他人交往时更容易受到PUA的影响。而且这一类人往往缺乏自我保护的意识，由于过于关注别人的需求和感受，而忽视了自己的利益和安全。这使得他们在面对PUA者的威胁和欺骗时，更容易受到伤害。

低自尊也是导致被PUA的一个特征。缺乏自信的人经常自我贬低，倾向于不理性地认同别人，因此更容易受到他人的操纵和利用。因为对自身的能力和价值没有客观的认识，他们常会过于依赖他人的评价来定义自己的价值，也更容易陷入“他比我更优秀，所以他的想法应该是对的”此类盲目认同的误区，并且还会产生“我只有获得他的认可才是有价值的人”这种错误的想法，从而放弃自己的原则和底线，不断满足对方的要求。

让人陷入PUA困境的第三个可能的原因是“缺爱”。这一类人可能因为原生家庭、亲密关系等原因，有较高的情感需求、渴望得到更多关注和爱护。比如像晓楠一样，幼年时曾是留守儿童，被父母长期忽视，得不到较好的情感支持，只能通过父母期待的方式——好好学习，引起注意并获得赞赏。这种模式延续到她成人之后，在工作中面对同样是权威角色的老板，她继续选择做那个“无条件听话”的下属，以获得对方的认同，免于被领导和公司“抛弃”。在不健康恋爱关系里，这样“缺爱”的受害者也非常多见，他们在生活中对别人的爱有一种强迫性的索取欲，心理状态也往往高度依附于他人，难以抵御PUA行为。

出乎意料的是，还有一类性格特征看似非常受欢迎，但也很容易让人因此成为被PUA的对象，那就是拥有较高的共情能力和较强的同理心。这类人常站在别人的立场考虑问题。所以，即便对自己初始的世界观非常认可，也有可能因为同理心而尝试理解PUA者的逻辑。长此以往，就极有可能丧失正确判断的能力。

4. 预防或调节方式

★保持自信

提高自我价值感，避免过度“内归因”。

找回自信是走出PUA的关键之一。有时候自己可能才是那个最熟悉的陌生人，树立客观、正确的自我认知对于提高自我价值感非常重要。不少低自尊的人会把注意力集中在自己的缺点和不足上，一旦发生问题就会习惯性地“内归因”，认为都是自己不好才导致了问题的出现。殊不知在职场中，一个负面问题的背后会有诸多原因，如果不能对自己有客观的认识，就很容易成为那个被PUA的“背锅侠”。那么，怎样才能客观认识自己，重新找回自信呢？让我们做一个“寻找内在优势”的游戏：填写下面这张内在优势探索表（表2–6），找出12个你拥有的优势或潜在优势。

表2–6　内在优势探索表

序　　号	我已有的优势	通过努力我将获得的优势	别人眼中我的优势
1			
2			
3			

在职场中，要建立自信和自尊心，不要轻易被别人的负面评价所影响。要相信自己的能力和价值，保持积极的心态和态度。

★ 客观判断

睁开“第三只眼”，保持独立思考。

我们越是了解PUA者的操作套路，就越能体会到保持独立思考、不轻易被他人的评价左右的重要性。心理咨询中有一种技术叫作第三只眼，是说咨询师不要陷于和来访者在咨询中产生的各种感受和情绪，应该如同有着“第三只眼”一样，在适当的时刻跳出来看一眼，保持客观中立。独立思考可以帮助我们在职场中更加注重自己的情感需求和边界，而不轻易陷入依赖他人的情感关系中，避免被PUA者利用情感关系进行操纵和控制。

★ 学会拒绝

正视自己的需求，勇敢SAY NO!

很多人都会有难以拒绝他人的苦恼，好像说一声“NO”会导致严重的后果。比如晓楠，她明明已经超负荷工作，身体和心理都快无法承受了，却还是拒绝不了经理让她加班的要求。这明显是牺牲自己合理的需求去满足他人需求，在这个过程中晓楠潜意识里可能会有这样的错误认知：我的需求不重要，经理要求的工作应该放在我自己的需求前完成。这种不合理的认知来自前文分析的讨好型人格、低自尊等原因，说明晓楠对于自己的需求的重要性并没有明确的认识。如果你也因为难以拒绝他人感到痛苦甚至被PUA过，那么可以从练习说“不”开始。可以先在小范围内练习说“不”，例如对家人、朋友或同事说“不”。或者学习一些婉转的拒绝方式，让“不”更容易说出口。比如在拒绝别人前可以表达自己的感受和立场，以减少对方的误解。例如：“我很抱歉，虽然我很想帮忙，但我真的没有时间。”

★ **勇于求助**

寻求多种资源，走出困境。

如果你感到自己被PUA，需要尽快向同事、上级或人力资源部门寻求支持。同时也可以搜集相关证据，如文字、录音、照片等。这些证据可以作为你向公司或有关部门报告的依据。当然，很多时候PUA行为非常隐蔽，在相当一部分的企业中也没有得到重视，因此即便求助也有可能得不到及时有效的帮助。那么，当事人可以继续寻求身边人际支持系统和专业力量的帮助，尝试用其他办法走出PUA。比如晓楠就通过心理咨询认识到了自己的现状，并通过心理治疗师的支持勇敢地尝试走出困境。

反PUA达人语录（“发疯文学”版）

● **指责对方**

- 这是你的问题，你一定要给我搞定！
- 是吗？我觉得我没问题，你非要这么想我也没办法。

● **夸大困难**

- 这个工作非常困难，你肯定做不了的。

- 哦，你觉得很困难呀，难怪会觉得做不了！我觉得没那么难。

● **打压对方**

- 你能力不行，这个岗位不适合你。
- 我不要“你觉得”，我要“我觉得”！我觉得自己能力不错，这个岗位我准备试试看！

● **强制要求承诺**

- 这事儿你得给我办好，不然有你好看！
- 哇，你好像在威胁我，好怕怕！我为公司打工，做得好不好不是你一个人说了算吧。

● **隐瞒信息**

- 你问的这些是我考虑的问题，你不需要知道。
- 这是团队工作，既然你不信任我，我也没办法配合你工作。

● **诱导性语言**

- 这件事你做完了就离升职加薪不远了。
- 请问“不远”是多远？我已经做了很多类似的事情了，能给我一个确切的说法吗？

● **假装关系**

- 我把你当家里的晚辈看待，会为你打算的，你要听我的！
- 只是工作而已，您大可不必！这是我自己的事情，我自有打算。

● **假装关心**

- 我批评你、对你严格要求可都是为了你好呀。
- 谢谢你的关心，但我觉得自己蛮好了，人无完人，这就是我的风格！

● **诱导性承诺**

- 你看人家某某，跟着我好好干就升职了吧。你也要加油！
- 好像你对每个人都这样说。分内的工作我都尽力做好了，如果不能升职不是我的问题。

● **制造焦虑**

- 如果不按我说的方案做，这个工作肯定完不成，后果你自负！
- 这个工作又不是我一个人的，做得不好大家都有份。再说，你才是项目负责人，做不完应该你来承担后果呀！

P.S. 以上“开脑洞”答案仅供参考，聪明的你一定有更好的回答。

用共情力打开人际交往格局

一、心理案例

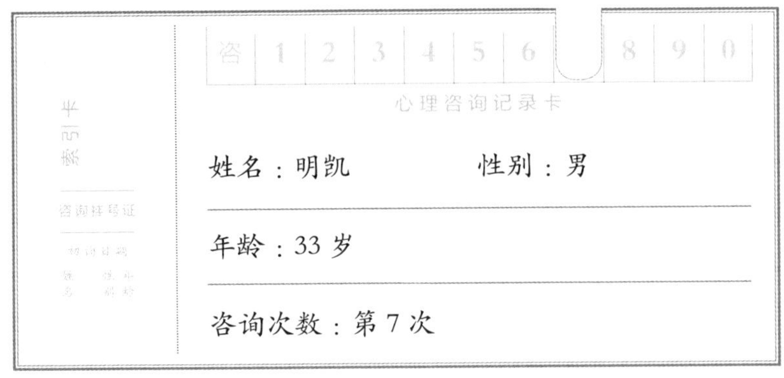

心理咨询记录卡

姓名：明凯　　性别：男

年龄：33 岁

咨询次数：第 7 次

来访者主诉

明凯在一家广告公司担任设计总监，工作6年有余，现在带领的小团队有两名正式员工和两名新进实习生。明凯自我要求比较高，对每个项目都尽心尽责，力求完美，领导对他的工作能力也予以充分肯定。但领导时不时会委婉地告诉他要和同事、下属处好关系，说话柔和一些，不要太严厉，否则影响团队合作。对于领导的提点，明凯感到很困惑，不知道自己有什么问题。

不久之后，明凯在年底的“360度绩效考评”中考核成绩仅为“合格”。他倍受打击，怎么也想不通，为何努力工作、绩效也不错，却得不到领导和同事们的认可。特别是他隐约听说，这次团队下属的评价都不太好，认为他不体谅他人，下属一些合理的要求，比如请假、请他给予工作上的帮助等，他都不近人情地拒绝了。

明凯对此觉得很不理解。他认为工作必须要高效，做出客户满意的方案是最重要的，因此他不会参与团队成员间的闲聊。他在工作中雷厉风行，对于下属方案中的问题直言不讳，摆事实讲道理，甚至当面批评，有时下属听了之后脸色确实不太好，但明凯觉得自己经验丰富，指出问题才能更好解决问题，有助于下属进步。但是慢慢地，他发现团队的下属之间似乎关系比较亲近，唯独对他保持距离。他带过的实习生很少选择留下，他也听到越来越多的同事背后说他“不近人情、情商低、不顾及别人感受、要求严苛”等。明凯也开始怀疑自己能否胜任总监的职位，能否带领好团队。团队凝聚力和工作效率多少会受到影响，这些都让他感觉很郁闷，甚至出现多次无故对下属发脾气的情况，他感觉一切似乎进入了恶性循环。

重要成长经历或生活事件

明凯是独生子，父母都是大学老师，也是家中大事小事的“绝对权威”。从小父母对明凯的学习要求较为严格，除了完成学校作业，还会给他额外的提升辅导。尽管明凯的成绩一直名列前茅，同时担任班干部，但父母很少表扬他，总是拿更优秀的孩子和他比较。每次明凯成绩有退步，或者没有考到父母期待的分数，都会遭受父母的批评。

明凯的父亲和母亲之间很少交流。父母也很少关心明凯的情绪感受，当明凯想要分享一些在学校的趣事时，父母也不太感兴趣。当明凯觉得学习压力大，或者和同学闹矛盾向父母哭诉时，父母都说：“哭有什么用？想办法解决呀！肯定是你自己不够努力，一定是你不懂事。”久而久之，明凯认为表达情感并不能解决问题，有时还会因此受到父母的批评，故而学会了隐藏情绪，甚至认为自己不再有情绪。渐渐地，他也不去关注别人的感受，即使有同学找他谈心，诉说苦恼，他也会像父母一样说：“这有什么好苦恼的，又不是大事。”慢慢地，他的朋友越来越少，最后经常独来独往。

关键对话摘要

明凯：我已经不知道该怎么和同事交流了，领导、下属都觉得我说话不好听，难道他们做得不好不该批评吗？那到底该怎么说才好？

治疗师：听起来确实挺苦恼的，似乎也影响了你和下属的关系。你能举个例子具体说一下自己是怎么和下属沟通的吗？

明凯：嗯……比如，前段时间我带的一个实习生没有按时提交方案，我就直接比较严肃地批评她了，因为我觉得这是很基本的责任，她倒觉得很委屈，说自己感冒发烧了，加班到很晚，但还是没来得及完成。我觉得再怎么样我们也要以客户的要求为先，客户可不管你什么情况，人家只看结果的。我从小就是这么过来的，不管遇到什么困难，最后拿到好成绩才是最重要的。实习生这点苦都吃不了，以后怎么在职场上混。

治疗师：嗯，你比较关注事情的结果，这也是你的成功经验。我很好奇，如果是你生病了，无法完成工作任务的话，你希望领导怎么对待你呢？

明凯：我也有生病的时候呀，但我都坚持做完的。小时候也是一样，就算生病，只要精神稍微好一点，爸妈都要求赶紧把落下的功课补上。我也想休息，但每次父母都说我不够坚强。

治疗师：那小时候的你真的很不容易，生病时已经很不舒服了，想多休息一下还可能遭到批评，不得不让自己假装坚强，一直到现在。我在想，如果你在工作中遇到困难，或者生病，领导体谅你的难处，多给你一些关心，给你休息的时间，并且把一部分工作交给其他人帮你共同完成，你会有什么感觉呢？

明凯：我没想过这个问题。虽然这样可能心里会好受一点，也会觉得他是个很好的领导，但也解决不了问题呀！

治疗师：但很多时候，我们就是需要心里先好受一些，才能在现实层面去解决问题。你和下属的沟通困难，可能是因为你少了一些共情，也就是我们常说的同理心。如果你在输出自己的想法之前，能够先倾听下属的感受，并且和他们一起解决问题，他们会更能感受到你和他们是站在一起的。

心理评估

由职场人际关系和交流沟通困难而引发的一般性心理问题。

心理治疗师：七七

2024年1月

二、掌握心理关键词

共情力 | 与生俱来的“读心术”

1. 关键词描述

共情（empathy），也就是我们常说的同理心，在当代生活和工作中出现的频率越来越高，一般是指将自己放在他人的位置，理解和感受他人经历的能力。简而言之，就是设身处地、将心比心。哈佛大学医学院教授亚瑟·乔拉米卡利（Arthur P. Ciaramicoli）曾说，一个人有勇气对他人打开自己，放弃自己的观点，进入他人的世界，这就是同理心的体现。

“共情”一词最早是由19世纪中晚期的德国美学家提出的，用来形容通过欣赏艺术品和感受他人的体验而引起的情绪感受，这里面包含了人们被艺术感动的感觉以及与艺术作品产生的深刻情感共鸣。后来，心理学家们开始用共情的视角去理解人际关系。海因茨·科胡特（Heinz Kohut）更是认为共情是每一段心理治疗关系所必需的成分。

其实，共情力是我们的天赋，是与生俱来的读懂他人心思和感受的能力。20世纪90年代，意大利科学家在研究猴子的运动神经元时发现，当猴子看到实验员拿起一块食物时，控制其自己拿食物的神经元也会被激活，就好像猴子自己也在拿食物一样。这种神经元被称为“镜像神经元”，因为它们能够反映出他人的动作，就像照镜子一般，似乎也有了相同感受和经历。随后，神经科学家发现包括人类在内的很多动物都具有镜像神经元。也正是因为这些镜像神经元，人类具有了“读心”的能力，甚至能预测别人的想法和行为。

2. 心理学解读

我们已经知道共情在心理治疗关系中是必不可少的元素，

那它与职场中的人际沟通又有什么关系呢？职场要求我们有工作能力、创造力、领导力等，共情力也很重要吗？下面我们就一起看看共情力在职场中是如何发挥作用的。

从神经生物学的角度来看，我们会更偏爱那些最能表达共情和关怀的领导者。共情和关怀对个体的神经功能、心身健康和人际关系都有明显的积极影响。有共情力的领导容易和团队建立情感纽带，营造信任和协作的文化，他们欣赏并善于发挥他人的才能，在解决问题时认可他人的观点，与他人共同决策，提升工作效能。情绪是会“传染”的，领导者和下属之间也存在类似的化学反应，大多数员工都深有体会，领导的情绪会影响当天的工作氛围。可以想象，像明凯这样的领导者在场的时候，团队氛围可能较为压抑，甚至会激起团队成员的焦虑、恐惧和敌意。从生物化学的角度讲，这些情绪会导致应激激素水平飙升，从而增加患心身疾病的风险。这样不但降低了生产力，还削弱了组织内的积极性。

在职场中，共情力有助于理解同事、下属或客户的想法和感受，帮助选择最有效的对话语气和行为方式。在团队中，共情力能帮助我们理解他人的立场和需求，从而促进团队成员之间的相互支持和合作，提高工作效率和团队凝聚力。例如，当一个同事因为项目延期而感到焦虑时，具备较好共情力的人不仅能够理解对方的焦虑，还会给予安慰和建议，帮助对方缓解压力。这样的沟通方式能够增进彼此之间的信任和理解，为日后的合作打下坚实的基础。共情力不仅能提高团队沟通效率，还让团队成员更加紧密地协作，共同推进项目的进展。

此外，职场中的每个人都会有自己的价值观、立场和视角，因此难免会产生一些冲突。共情力使我们更能够理解不同观点、经历和文化背景，有助于减少职场中的冲突和误解，营造更加和谐的工作环境。比如，如果在工作中和同事或下属发生了观点上的争执，若能换位去理解对方的处境，也许就能避免对他人的过度批评或不必要的矛盾。对他人的观点有了更好理解，也就更容易提出折中方案。

因此，良好的共情力在职场人际沟通中发挥着至关重要的作用。通过增进相互理解、提高沟通效率、增强应对冲突的能力等，共情力有助于建立良好的人际关系、促进团队协作和职业发展、化解矛盾与危机。

3. 当事人画像

缺乏共情力的人长什么样？缺乏共情力的人可能会表现出以下特点：

- 缺乏对他人感受的理解：缺乏共情力的人可能难以察觉并理解别人的情绪变化，甚至对他人的情绪反应迟钝或无动于衷。由于缺乏对他人的理解，他们的言行（如，不恰当的揶揄、打压或怼人）还可能会无意中伤害到周围的人。

- 对他人的需求不敏感：这类人往往更关注自己的需求，

而对他人的需求不敏感，难以察觉他人的期望和动机。这可能导致他们在社交和工作场合中忽视他人的需要，从而影响人际关系和工作效率。

- 难以建立亲密关系：由于缺乏共情力，他们可能在与人交往时遇到困难，难以与他人建立并维持亲密关系，并且可能无法很好地处理冲突，也无法有效地为他人提供支持。

- 缺乏同情心：有些共情力较弱的人可能对别人的不幸和困难缺乏同情心，不愿意主动提供帮助和支持。他们可能更关注自己的利益、目标和效率，而对他人的福祉表现得比较冷漠。

为何有些人缺乏共情力？

首先，人的共情能力与神经系统、大脑结构和化学物质有关。一些患有神经系统疾病（如孤独症、阿斯伯格综合征）、大脑结构缺陷或化学物质失调的人并不一定有比较好的共情基础。这些因素会影响他们对情感和社会信号的感知和处理，造成他们无法像常人一样建立起直接的情感连接，理解他人的情感和需求。

其次，不管多大的孩子，如果他们哭的时候能得到安抚，笑的时候能听到他人的笑声，就会相信外界会用安抚的方式来回应自己的情绪。但是，如果他们掉泪总是得不到关心，恐惧也总被忽视，那就会以为这个世界是没有回应的，是不在乎自己的。从明凯陈述的成长经历中不难看出，明凯的父母就经常忽视他的想法和感受，甚至因为他表现出的某些情绪而否定和批评他。他没有体验过被良好共情的感觉，因此逐渐封闭自己的情感，以至于也封闭了自己的内心，甚至认为情绪是一种阻碍，所以长大后在人际交往中也很难理解和关心他人，对下属的感受也缺乏敏感性，反而习惯性地用父母的方式去对待下属，让下属感觉有距离感。

还有一些人格特质也与较低的共情力有关，例如以自我为中心，简单讲就是自恋或自私。以自我为中心的人通常会过度关注自己的利益和需要，而忽视他人的感受和需求。例如，过于自私的人可能会为了自己的晋升或项目成功，而不顾团队其他成员的感受和工作安排。当团队其他成员遇到困难或问题时，他们可能会表现出冷漠或无视的态度，不愿意提供帮助和支持。而过度自恋的人在职场中可能会对自己的成就和贡献过度自信，而忽视他人的贡献和价值。他们可能会认为自己的观点和想法是正确的，进而表现出优越感，对他人的建议缺乏尊重和倾听。这些态度可能会导致团队成员之间产生隔阂和摩擦，影响团队的合作和工作效率。

此外，当一个人压力过载时，共情力也可能会降低。过度的压力会导致情绪不稳定，产生焦虑、愤怒、抑郁等负面情绪，人就像一个快要爆掉的高压锅，已经无心再顾及周围人的情感，甚至对他人的需求产生抵触和防御心理。例如，当一个人生活中遇到重大变故，而工作中又同时面临巨大的挑战时，多重压力导致他自顾不暇，既要专注于工作任务和目标，又要应对生活困境。这会让他很难充分注意到同事的困难或情绪变化，甚至在回应他人时表现出冷漠或不耐烦的态度。

4. 预防或调节方式

在职场中和他人沟通交流时，你有过以下情况吗？

同事刚说两句话，你就着急开始发表自己的见解。

同事诉说遭到客户的投诉，你说："没事的，那某某某比你惨多了，客户都拒绝合作了。"

同事抱怨加班太多，薪水太少，你说："年轻人就应该多吃苦，吃得苦中苦，方为人上人。"

同事对于没做好方案感觉很懊恼，你说："我跟你说了八百遍，你怎么听不懂呢，做出来还是这个鬼样子！"

……

对照自己，如果类似的话曾出自你的口中，那么不要犹豫，你需要开始锻炼自己的共情力啦！下面的4个技巧可以助你一臂之力。

★ 察言观色，用心倾听

敏锐地觉察不同职场角色的需求和情绪，是提升共情力的关键。心理学家卡尔·罗杰斯（Carl Rogers）说过，他人的情绪是进入其内在世界的钥匙。体察他人的情绪，了解对方的工作模式、内容和流程，这样才能在职场沟通中更好地接纳不同的情绪。

真正的倾听，是放下自己已有的想法和判断，一心一意地去体会他人。倾听不仅是用耳朵，还需要用心、脑和眼睛。可以利用非语言的暗示，如保持眼神接触、点头，以及语言暗示，如“嗯嗯”“是嘛！”“我在听，你继续”，让对方知道你在听。此外，给与对方充分表达的空间，不要轻易打断对方。

★抛开自己，包容接纳

前文中明凯就认为自己能做到的事情，他的下属也需要做到，所以他认为下属没完成的理由不能接受，并且希望通过自己的经历来教育对方“你这些都不算事儿，过去就好了”。这依然是站在“自己”的视角说话，而非走进对方的内心，会让对方怀疑自己情绪感受的合理性，甚至觉得自己太矫情。所以，倾听时，尽量放下我们的个人故事。

包容是指在沟通中要尽量尊重和接纳对方的表达，无论我们是否同意对方的观点，都应该让对方有表达出自己看法的机会。不管你对同事有多了解，对这件事多么有经验，也无法确定这位同事当下的真实想法和感受。因此，不要基于你过往的经验轻易做出评判。在对方说话时，不要立即批评或指责，而要努力去理解他们的想法。由于我们的文化、经历、立场都有所不同，有不同的看法也是很正常的事情，不能强求别人总和我们的观点保持一致，只有尊重、接纳和包容别人，才能更好地理解他们的观点和想法。

★设身处地，换位思考

在对方表达完观点或信息后，我们要尝试从对方的角度去理解如此表达的原因，这就需要我们转换立场，设身处地站在他们的位置上去想问题。比如一位同事说："太累了，我想辞职了"，如果我们马上就回应"工作不好找，你再考虑考虑吧"，表示出不赞同，或是站在自己的角度去劝解，那么对方可能就不想和我们再进一步交流了。因此我们在理解对方表达时不要总是用"我认为"，而是要尽量用"对方可能认为"的角度去想问题。最简单的方式就是带着好奇问对方"你看起来好辛苦，可以跟我说说发生了什么吗？"为了更好地理解他人，我们可以尝试与朋友、家人练习角色扮演，设身处地地思考他人面临的挑战和困境，从而产生共鸣。

★表达共情，反馈沟通

为了让对方能够感受到我们对他们的理解，我们也要多通过语言或非语言的形式表达出来。比如常用"我非常理解你的心情""我很明白你的立场""这个项目很难，但你已经做得很棒了"等话语，或是用眼神给予对方肯定，当然还可以拍拍对方、给对方一个拥抱等。如果对方感受到了我们的理解，那么也会更乐意与我们交流，也可以传达出更多的信息，这有助于我们更全面地了解问题，也能够使我们的沟通更加顺畅和愉快。

高共情力语录

● **肯定他人的感受**

- 我感觉这个项目的压力有点大。
- 是的，这个项目确实是一个挑战，你的感受很正常。

● **分享自己的经验**

- 我觉得在新项目中有点迷茫，不太清楚该如何入手。
- 我曾经也有过类似的经历，我们可以一起讨论一下，我会分享我的经验，帮助你更好地开始项目。

● **询问开放性问题**

- 我很纠结要不要换一份工作。
- 发生什么事了？你可以多说一些吗？

● **反映他人的情感**

- 我真没用，公司最近给一些人升职加薪，却没有我的份。好几次我想和总经理谈谈，却总是不敢。
- 听起来好像因为没有被升职，再加上缺乏勇气去找总经理沟通，你对自己很失望。

● **表达理解和支持**

- 我最近遇到一些个人问题，可能需要些时间来处理。
- 我完全理解，如果你需要一些时间来处理个人事务，也许可以请其他同事分担一部分你的工作，让你能够专注于自己的事情。

向上管理，让上下级沟通畅通无阻

一、心理案例

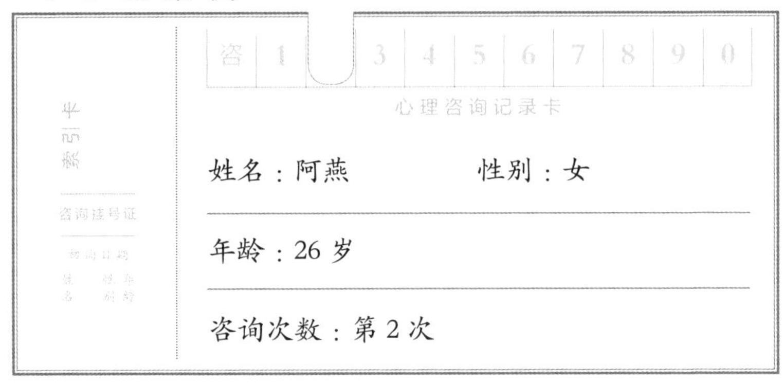

心理咨询记录卡

姓名：阿燕　　性别：女

年龄：26 岁

咨询次数：第 2 次

来访者主诉

阿燕自小成绩优异，一路学业顺利，就读于国内某重点大学。大学毕业时她顺利应聘到某央企，从事策划工作。作为部门这两年唯一一名新员工，阿燕自入职起就受到了上级和同事们的格外关注。然而，也因为这种关注，阿燕总觉得工作有心无力，害怕自己没有别的同事优秀，得不到上级的肯定。尽管她工作态度认真、充满热情，但始终觉得自身的能量被过度消耗。

记得刚入职场，阿燕就接到了一项核对策划案文字内容的任务。她当时有一肚子问题想跟经理确认，但经理因为在忙于一个紧急任务，就说了一句“你自己看着办”。她虽然只花了2个小时就完成了工作，但因为担心经理会不满意，所以一直揣着核对好的策划案不敢交。直到经理催促，并且和她确认了那些问题之后，她才忐忑地把方案交出去。因为这件事，阿燕还挨了批，经理让她学会自己把握，为此阿燕懊恼了很久。

工作1年以后，阿燕被委以重任，紧急策划一项小型活动。这次她又遇到了诸如经费、场地和人员等事项需要确认。吸取了过去的经验教训，阿燕此次并未向经理汇报，而是自行处理。然而，这次阿燕又挨批了。原来，她“独立”处理的经费、场地和人员等关键决策事项均不符合公司标准。眼看着活动即将举办，只得临时由几名经验丰富的老员工加班紧急推进该项工作。所幸，得益于大家的丰富经验和阿燕的积极配合，活动最终得以顺利举行。

工作几年来类似的事情发生了不少，阿燕在与上级的沟通上常感困顿，不知道尺度如何把握。每次要与上级沟通工作前都感觉无所适从，甚至有时会出现情绪崩溃的情况，并伴有以下症状：

★ 情绪：情绪持续低落并伴随焦虑长达半年余，常出现自责、内疚、紧张等情绪。

★ 兴趣：对工作失去热情，每天战战兢兢，对原先的爱好也提不起兴趣。

★ 认知：注意力难以集中，做事犹豫不决，经常要反复检查和确认，工作效率降低。

★ 其他：心慌、胸闷、身体疲乏、吃不下饭、失眠。

重要成长经历或生活事件

阿燕的父母都是中学教师，对她学习成绩的关注程度一直以来都很高。从小到大，每当阿燕考试成绩未能跻身全班前三名，父母都会要求她将所有课外活动和娱乐项目暂停，专注于复习，直至下次考试成绩有所提升。在这样的家庭教育下，阿燕对出错极其敏感，为避免出错，她在学习中逐渐养成了不懂就问的习惯。

关键对话摘要

阿燕：我现在觉得自己很差劲。

治疗师：为什么会这样说？

阿燕：我觉得自己自从工作以来一事无成，虽然经理没有骂我，但我感到自己太蠢了，真让他失望。

治疗师：你觉得自己很不好，那让他失望的原因是什么？是哪里做得不够好？

阿燕：是的，我似乎总是不知道怎么和上级沟通，比如之前问经理很多问题的时候，我能看到他眼神里的不耐烦，那似乎是对我的一种嫌弃。而上一次工作中的失误，又是因为我没有提前和他沟通引起的。我太难了……

治疗师：你觉得在工作中，跟领导沟通不对，不沟通也不对，找不到方向了。

阿燕：是的。

治疗师：我能感觉到，当你谈到工作、谈到你的经理时，都有深深的无力感，这种无力感让你感到困扰。

阿燕：是的。我感觉自己生来缺乏和上级沟通的能力。这也是我过来咨询的原因，我朋友说我是缺乏向上管理的能力。

治疗师：其实，这种困境是很多人都会遇到的，你不必过于自责。许多人在与上级沟通时都会感到紧张和无力。这并不是因为你天生就缺乏这种能力，而是因为你在这种情境下还没有找到适合自己的应对方式。

阿燕：那适合我的应对方式是什么？

治疗师：我们慢一点，一起来看。目前有一个比较好的点，是我们都发现了沟通是职场中至关重要的一环。对于你来说，学会与上级沟通，不仅能提高工作效率，还能增进彼此之间的了解和信任，更能够让你的情绪体验变好，提升自信力。所以，接下来我们要做的就是找到适合你的与上级沟通的方法，学会属于你的“向上管理”。

评估

因职场沟通及关系处理问题引发的焦虑抑郁情绪。

治疗师：赵医生

2023年11月

二、掌握心理关键词

向上管理 | 为自己获取更多工作资源

1. 关键词描述

向上管理（managing up）是通用电气公司曾经的CEO杰克·韦尔奇（Jack Welch）的助手罗塞娜·博得斯基（Rosanne Badowski）提出的概念，是指下属与上司进行最完美的沟通，有意识地配合上级，以取得最优结果的过程。罗塞娜·博得斯基在通用电气工作了25年，其中13年担任杰克·韦尔奇的行政助理，她将自己多年来的助理生涯著书立说，提炼浓缩，得出此概念，以帮助那些和上级关系不佳的人。美国《新闻周刊》曾评价她是杰克·韦尔奇的“秘密武器”，她也被誉为“世界第一副手”。在她看来，管理需要资源，资源的分配权力在你的上司手上。因此，当你需要获得工作的自由资源时，就需要对上司进行“管理”，实际上是与上司进行最完美的沟通。

通俗来讲，“向上管理”是一种以沟通为基础，为了给公司、上级及自己取得最好的结果，而有意识地积极配合上级一起工作的过程，在某种程度上，甚至可以是让上级改变的过程。它不仅仅是管理与上级的关系，更是一种战略性的沟通与协作方式。向上管理的能力对于员工的职业发展、团队协作以及组织目标的实现都具有重要意义。

2. 心理学解读

你不必喜欢、崇拜或憎恨你的老板，你必须管理他，让他为你的成效、成果和成功提供资源。这种积极的做法，就叫作“向上管理”（managing up）。

——彼得·德鲁克

在职场中，似乎掌握了“向上管理”技术的人总能够准确地捕捉到上级的“点”，读懂上级需求的同时，也实现了自己原本要达成的目标，这让许多自认为在职场上下级沟通中举步维艰的人羡慕不已。也有很多人纳闷：怎么他们就能搞定上级，到底是怎么做到的呢？它背后的心理学动因是什么样的？让我们来一窥其中真相。

能够让“向上管理”奏效的心理相关因素可能包含如下：

● 尊重与服从：在工作中，上级往往倾向于维护自己的工作边界、规则与权威，在下属做出不符合预期的行动或是提出意料之外的建议时，可能会使双方关系比较紧张。就像阿燕初次遇到和经理沟通的问题时，如果多向同事请教，了解经理既往工作风格与需求，知晓自己灵活把握的范围有多少，就无须反复多次地向经理提问，也能让工作变得更加顺畅，双方关系更为松弛。因此，在开展工作的过程中，下属如果能够了解上级在工作中的边界与规则，学会在尊重和服从工作规则的前提下，运用恰当的沟通技巧，巧妙地提出自己的意见和建议并开展相应工作，那么自己的意见和建议将更容易被接受，“向上管理”也会变得简单一些。

● 信任与沟通：在工作中，如能将信任作为关系的基础，那么上级会更愿意倾听和接受下属的意见。下属可以通过展示各种能力逐步赢得上级的信任。然而，信任只是基础，仅仅建立信任关系并不足以确保上下级之间的顺畅沟通和高效协作。沟通是“向上管理”的关键。在遇到问题时，不要害怕因向上级请教问题而被批评。下属如若掌握一定的沟通技巧，包括倾听、表达、说服等，在与上级交流过程中，便能够更加准确地表达自己的观点和需求，让上下级关系沟通的效率和质量显著提升，从而做好“向上管理”。此外，有效反馈至关重要。有效反馈能帮助上级了解下属的工作状况，及时给予指导和支持。下属可以将工作中的问题和困难及时归纳整理后汇报给上级，同时提出自己的解决方案。

例如，在阿燕和经理沟通第二次遇到问题时，如果能够简短地问一下有什么必须注意的事项，并表达自己是为了更好完成工作的意愿，同时告知经理自己计划执行某解决方案，征询经理的意见和指导，那么其工作的开展会变得更加顺利。

在与上级进行互动时，主动沟通，寻求支持，有助于下级更好地了解上级的需求和期望，使双方建立起更为良好的沟通关系。此外，下属在反馈过程中应保持诚实、客观，不掩饰问题，不夸大成果，以便上级对其工作进行全面评估。

● 压力与效率：耶克斯–多德森定律（Yerkes-Dodson Law）（见图2–1）是一种描述压力与工作效率之间关系的心理学定律。该定律表明，压力强度与工作效率之间的关系并非线性，而是呈倒U形曲线。在中等压力水平下，工作效率达到最高。像阿燕面临的职场困境，往往是由于太想做好，即动机强度过高，反而影响了工作效率和与上级之间的关系。因此，我们可以在工作中调动个体积极性和潜能，合理调整自身动机水平，以达到最佳工作状态，通过展现自身工作状态，让上级看到你的工作效率与自我调节能力。简单来讲，就是当我们在工作中处于漫不经心、没有动力的状态时，要提高工作压力，如设立目标或个人奖励措施以调动积极性；当我们因为工作产生过度焦虑时，学会给自己“松绑”，让压力强度回落到相对合理的区间内。

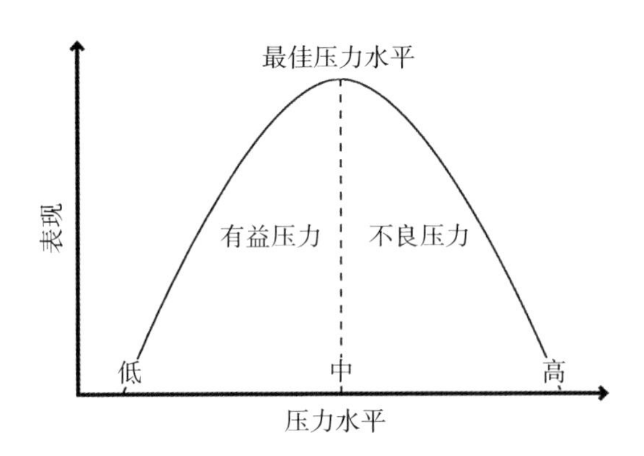

图 2-1 耶克斯-多德森定律

*此图英文版出处：Zhao, Mengting & Yang, Daocheng & Liu, Siyun & Zeng, Yong. (2018). Mental Stress-Performance Model in Emotional Engineering. 10.1007/978-3-319-70802-7_9.

大家要知道的是，压力的最佳水平并非一成不变，它会根据任务性质进行调整。在执行简单任务时，较高压力强度可促使工作效率达到最佳水平；完成难度适中的任务时，中等压力强度效率最高。然而，在处理复杂任务时，较低压力水平更有利于任务的完成。

总的来说，向上管理是一种策略，更是一种心理技巧。通过充分运用恰当的策略，我们能够建立起良好的上下级关系，从而为自己的职业成长创造有利条件。在实际工作中，我们还可以通过不断学习和实践，掌握更多向上管理的技巧，以应对不断变化的工作环境。

3. 当事人画像

3个容易出现与上级关系不佳的特质，你有吗？

- 抵触/害怕/过度依赖权威：阿燕自己也常常讲，害怕经理觉得自己差，希望在经理面前有好的表现。这可能与其幼年经历有一定的关联性。在成长阶段，只有达到父母的高要求才能免于惩罚，这种模式延续到成年，因缺乏自信和低估自我价值而形成了做什么都希望免于被上级“厌恶/惩罚”的行为模式。在难度较低的工作任务中，希望表现得足够优秀，更加关注上级是否对自己肯定；在难度较高的任务中，因害怕被批评难以与上级开展良好的沟通，也会忽视自己工作中的利益与需求，让工作的开展变得坎坷波折。除此之外，也有与阿燕应对方式截然不同的特质，如抵触权威。这一类人倾向于对权威的管理方式和决策持反对意见，甚至公然反抗，很容易导致上下级关系破裂。也有一些人过度依赖权威，甚至觉得凡事只有听到了上级的命令才能去行动，而失去了独立解决问题的能力。这种情况可能让上级感到你的综合能力不佳，无法独立工作，从而影响关系。

- 缺乏互助/团队意识：职场环境中，互助的团队往往会使工作开展起来更加顺利。而我们不难发现，阿燕在既往工作中还有一个特质就是习惯于单打独斗。当遇到困难时，不论自己是否有能力独立解决，她似乎并不会想到向同事寻求帮助。虽然出发点是不想为大家带来麻烦，但我们也要知道，适当寻求帮助，一方面有利于增进同事间的感情，另一方面也能够提升工作效率。有时，在上级眼里，个人能力固然重要，但如果不具有互助/团队意识，可能就没有办法与同事协作，也会影响工作效率。

● 缺乏自我调整能力：在职场中，变化是常态。缺乏自我调整能力的人在面对变化时，容易因为压力过大而产生负面情绪。如长期不能适应变化，则会让上级觉得你难以共事，从而影响关系。

4. 预防或调节方式

怎样提高“向上管理”技能？

★ 提前准备

在与上级讨论重要问题时，提前准备一下你要说什么，怎么说。这样可以让你在实际沟通时更加有条理，避免慌乱和紧张。

★ 沟通与倾听

沟通是“向上管理”的关键，要保持与上级顺畅、有效的沟通，了解他们的需求、期望和关注点。同时，要学会倾听上级的意见，尊重他们的决策，并在执行过程中反馈问题和建议。这样可以让对方感受到你的尊重和重视，也有助于加深彼此的理解。

掌握一定沟通技巧可以提高沟通效果：

☆ 汇报工作进展时，用清晰、准确、简洁、明了的语言表达自己的观点

☆ 运用同理心，站在上级的立场考虑问题

☆ 倾听反馈和建议时，把握沟通时机，适时提出自己的看法

☆ 在沟通中保持积极、诚恳的态度

☆ 适时表达自己的需求和期望，以实现双赢

★ 关注上级的需求

主动了解上级的工作风格、需求和期望。这包括了解上级的优点、缺点、工作重点以及价值观等。基于了解到的信息开展相关工作，在适当的时候，展现自己的关注和用心，并为上级提供协助、支持或帮助。

★ 自我提升与适应

在多变的职场环境中，自我提升与适应变化的能力都是不可或缺的。通过学习和实践进行自我提升与适应，不仅能够让自己的感受性变得更好，也能够让上级看到你具备强烈的自我驱动力与持续成长的能力。遇到问题时，不推诿，勇于承担责任，向上级展示自己的责任心和解决问题的能力，也能够让上级了解到你的灵活性与随机应变的能力。

★ 支持与协作

主动寻求上级的支持和指导，以便在工作中获得更多的资源和帮助。同时，也要学会在适当的时候为上级分忧，展现自己的责任和担当。注重团队合作的同时发挥自己的专长，为团队做出贡献，使上级注意到你的成绩和价值。

★ 定期总结与反思

对自己的情况进行定期总结和反思，了解自己在哪些方面做得好，哪些方面需要改进。通过不断调整和优化，提高自己的“向上管理”能力。

向上管理话术

- **主动汇报**：定期向上级汇报工作进展，能让上级了解你的工作状况，增强信任感。在汇报时，要有条理地陈述事实，突出重点，避免陷入细节。

如：“经理，我想向您汇报一下本周的工作进展。目前，我已完成了项目的一阶段，以下是下一阶段的计划。针对项目中出现的问题，我已经找到了解决方案，并将在下周实施。您有空的话，我想听听您的建议。”

- 成果展示：在汇报工作进展时，要突出成果，用数据和事实说话，让上级看到你的付出和收获。

如：“在过去的一个月里，我完成了三个项目，分别是

XX、XX和XX，合计创造了10%的业绩增长。”

- 表达困难与需求：在遇到问题时，不要抱怨，而是客观地描述困难，并提出解决方案和支持需求。

如：“目前项目A面临的主要的问题是资金不足，我觉得有必要增加预算。主要原因包括：1……；2……；3……。虽然不增加预算最终项目也能完成，但在项目进度上和质量上可能会打折，估计造成的损失会更大。按照既往的经验，我测算了一下，可能需要增加5%的预算，我会在下周提交详细的预算调整方案请您过目。”

- 主动承担责任：在团队出现问题的时候，勇于承担责任，展现担当。

如：“对于这次项目B的延期，作为项目负责人，我有责任，接下来我会全面分析原因并制定改进措施。”

- 充分调研＋对比分析：在提出建议前，进行充分的调研和分析，确保方案的可行性和针对性。

如：“经理，我最近对市场趋势进行了分析，发现我们的产品在某个方面存在竞争力不足的情况。为了提升市场份额，我建议我们调整产品策略，重点关注客户需求并优化性价比。当然，这只是我个人的看法，请您斟酌。”

- 解决问题：在遇到问题时，要展现出积极解决问题的态度。要明确问题，分析原因并提出解决方案。

如："我注意到近期团队在项目执行中遇到了一些困难。经过分析，我认为问题主要出在我们对项目进度的把控上。为了改善这种情况，我建议调整项目的管理方式，采用敏捷的开发方法。这样可以提高团队协作效率，确保项目按时完成。"

- 请教指导：在寻求成长支持时，要谦虚请教，让上级感受到你的敬业精神。

如："为了提升我的项目管理能力，我想请教您在项目规划和控制方面的经验，请您指导。"

- 设定目标：明确自己的职业发展目标，并与上级沟通，争取资源和支持。

如："我的职业规划是成为优秀的项目经理，为实现这个目标，我希望能在接下来的半年内参加项目管理培训课程，请您审批。"

保持边界感，适度冷漠很管用

一、心理案例

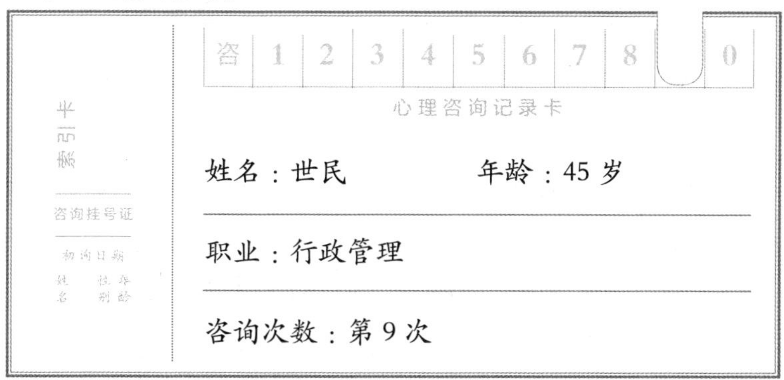

心理咨询记录卡

姓名：世民　　年龄：45 岁

职业：行政管理

咨询次数：第 9 次

来访者主诉

世民第一次进门就很直接跟治疗师声明他没有心理疾病，只是工作上有些事情让他挺苦恼，不知道如何处理。人到中年的他是单位的老员工，也是单位出名的“老好人”，谁有什么事需要帮忙第一个想到的就是他。同事要提前下班接孩子，就把收尾工作丢给他；自己辛辛苦苦做的策划方案会被同事直接拿来借用；有部门想辞退员工会让他去帮忙谈话；住得近的同事不管他方不方便老是蹭他顺风车，甚至请他帮忙接孩子；还有打印、带饭、买咖啡、送文件……他工作的很多时间都消耗在这些免费跑腿打杂帮忙的事情上了。

世民虽然是老员工，但也是单位的“老透明”，来单位近20年，比他晚来的都升上去了，就他还在“原地踏步”。其实很多次同事请他帮忙的时候他都很想拒绝，可就是开不了口。年轻时是因为刚进单位资历浅，要跟同事搞好关系，等后来大家关系熟了就更不好意思拒绝了，那更是要得罪人的。他还发现，他的付出并没有得到应有的尊重。一开始同事还口头对他的帮忙表示感谢，到后来大家都觉得理所当然，偶尔一次没帮上忙还会甩脸色给他，就连新来不久的员工也开始使唤他了。更可气的是，他好心帮人，事情成功了没他的功劳，可一旦出事却要他跟着承担责任，好几次他替同事背了锅还被同事埋怨“没用心”。他自嘲是单位的“背锅侠”，浑身都是委屈却无处诉说。

他感觉自己每天都活得挺分裂的，每当有同事来找他做这个做那个，他就很煎熬，内心总有两个声音，一个说“你自己事情那么多，拒绝吧”，另一个则说“如果你拒绝，人家会怎么想？”，明明内心里很不乐意，最后还是会“热情”地应承下来。虽然被很多人需要，是公认的好人缘，但他内心很孤独，讨厌这样的自己。他想改变。

重要成长经历或生活事件

世民是家里的老三，上面有两个哥哥，下面还有个妹妹。听家里人说，生完二哥后，父母一直想要个妹妹，怀上他后还特意找熟人偷偷做了个B超，知道又是男孩后非常失望，要不是月份太大流产伤身体，母亲是不打算把他生下来的。他出生后正是家里事儿多的时候，家里男孩多，父母一度还动了要把他送给亲戚的心思。虽然后来这事儿因为种种原因不了了之，但小时候哥哥们欺负他时总拿这个来威胁他，他也因此很没有安全感。为了讨得父母的欢喜，世民从小就是邻居口中的“别人家的孩子”：乖巧懂事、学习努力、成绩优秀，从不给家里找麻烦，也不给大人添乱。家里兄妹四个就他考上了大学，工作单位也比他们好不少，为父母挣足了面子。父母觉得他混得比较好，会时不时地打电话给他，要他适当地补贴一下哥哥妹妹。其实他一个人在大城市打拼，还要养家糊口，自己很不容易，经济也并不宽裕，但他不想父母对他失望，只好省吃俭用地贴补家里，就因为这个，爱人经常跟他闹别扭。

关键对话摘要

世民：对有些同事的请求，我真的很想拒绝，但是又不敢，怕影响同事关系。我每天都很纠结，用现在流行的词来说就是“精神内耗”。

治疗师：看得出来你很苦恼。你担心你的拒绝会让同事不开心？

世民：是啊，大家都是这么多年的同事了，我要是不给他们面子，以后还怎么相处。而且，以前我基本上都是有求必应的，现在突然拒绝了，他们会不会多想？这样摊开来，大家关系搞僵了，后面还怎么共事呢？

治疗师：那你觉得他们会怎么想？

世民：他们应该很受伤，会觉得我变了，觉得我这个人不太好相处。

治疗师：你担心一旦拒绝，别人就会对你有不好的想法，会影响你们的关系？

世民：是的。

治疗师：你似乎很关心同事的感受，特别在意别人对你的看法。那你自己的感受呢？

世民：我……，说实话，每次这种事情找上我，我都挺难受的。好多事情都是我职责范围之外的，可我根本没法推，只能把怨气往自己肚子里咽。你就看我吧，明明四十几岁正当年，可看上去比实际年龄老了不止十岁，头发早早就全白了，我是真苦恼啊。要不然也不会来你这里咨询。

治疗师：我能理解你的感受。推，得罪人，不推，自己受罪，两边为难。最后为了维持关系，你选择了为难自己。看得出来这些年你为了维持人际关系，受了不少委屈。

世民：唉！

治疗师：值得吗？你为了维持关系付出了这么多，包括你的职业发展，那你觉得你们现在的关系如何？

世民：只能说表面上还可以吧。但是，如果不通过接受他们的请求来维系这个关系，我觉得我们的关系会更差。

治疗师：你真的这么想吗？那现在与同事的这种关系是你真正想要的吗？

世民：这……，我不知道。如果我真有什么需要，一方面我不会找他们，另外，我觉得他们不一定会帮我。

评估

边界不清引发的心理困扰。

治疗师：边医生

2020年1月

二、掌握心理关键词

边界感 | 保持智慧的人际距离

1. 关键词描述

从世民的故事中我们可以看出，他的职场边界被同事入侵了。面对同事的诉求，他从不知道拒绝，不加选择全盘接受，导致他的职场边界变得越来越模糊，所以他才会有诸多的心理困扰。实际上，职场边界被侵犯的事情很常见，在工作中并不是什么新鲜事，但就是因为太司空见惯，很多时候会被我们忽视，认为发生的一切都理所应当。但是忽视不等于不存在，它对当事人，无论是侵犯方还是被侵犯方都会有负面影响，会在无形之中透支职场关系，并埋下隐患。要了解职场边界，我们需要先认识什么是边界感。

边界，在意识层面讲，要分清楚我是谁，你是谁，什么是你的，什么是我的。从物理层面讲，边界涉及物品、空间、时间；从心理层面讲，边界涉及一个人的情绪、欲望、期待、想法、观点、价值观、人际关系、生命和人生等。而边界感则要求在了解什么是边界的基础上做到“我对我自己负责，你对你自己负责，同时我拒绝你替我的人生做主，我也不要为你的人生负责”。通俗讲就是要懂得分寸，让你的事归你，我的事归我。

当一个人的边界被打破，心理甚至生理上都会不适。举个例子，打工人每年春节回家可能都要面对家人亲戚的灵魂拷问："现在每个月挣多少钱啊？有女朋友了吗？买房了吗？"。这其实就是一种边界的入侵，是亲戚对自己生活的过度介入，因为每个月挣多少钱、有没有女朋友、买没买房，是每个人自己的事情，跟别人无关。有些打工人为了回避这样的灵魂拷问甚至会放弃一年难得的家庭团聚机会，选择在外过年。

边界也分很多类型，对于个体而言，生活中常见的边界类型包括以下六种：

物质边界，即个体拥有的物品和财产。职场中侵犯物质边界的情形包括不经允许借用设计方案、找同事借钱、不管方不方便就搭乘顺风车等。

空间边界，即个体的空间需求和身体距离要求。职场侵犯空间边界的情形包括不敲门进入他人办公室，未经允许翻看工作电脑、文件或办公室抽屉，过近的社交距离等。

时间边界，即尊重个体的时间安排，也能够主导自己的时间安排，为自己各项事务留出适当的时间。职场侵犯时间边界的情形包括不遵守事先约定的工作时间安排，迟到、早退，要求别人按照自己的时间表做事，过度加班导致工作和生活失去平衡，占用人家时间不提供报酬等。

情绪边界，即觉察、尊重和接纳自己和他人的情绪，以及了解自己和他人接纳情绪的能力。侵犯情绪边界的情形包括批判他人分享的情绪和感受、强迫别人谈论自己的感受、不顾场合的情绪“倾销”、要求别人能理解自己的感受等。

性边界，即同意、协商、尊重、对偏好和欲望的理解以及对隐私的保护。职场上侵犯性边界的情形包括未征得同意有过度亲密的语言和身体接触、不必要的性评论或开一些不合时宜的性方面的玩笑、不尊重他人的性取向等，其中很多也是职场性骚扰的表现。

思想边界，即尊重自己和他人的想法、价值观，也能够坚定地表达自己的想法和需求。职场上侵犯思想边界的情形包括否定或贬低别人的看法或价值观、随意灌输自己的想法、强迫别人接受自己的看法等。

2. 心理学解读

《被讨厌的勇气》中有一句话直击人心——“人生的一切烦恼来自关系”，而拥有健康的边界则是构筑良好人际关系的基础。因为健康的边界可以保护自己，帮助自己避免边界被侵犯的心理痛苦，不被他人控制；可以表达自己的真实想法和感受；可以保护他人，避免他人在不明情况下引发冲突，留下关系和安全隐患；另外，还可以帮助你筛选出真正适合深交的人，让你和周围的世界建立起真实的关系。因此，健康的边界可以增进我们的身份认同感、提高自尊，是自我关怀和照料的重要组成部分。而没有边界感，是大部分痛苦的来源。因为在不健康的边界之下产生的关系很多都是维持表面和平的虚假关系，最终会陷入困境，滋生痛苦、怨恨或失望。

那什么是健康的边界呢？我们可能没法给出具体的度量，因为这更多是一种心理感觉，对每一个体可能都是不一样的。不过，健康的边界有一个原则，就是在这个尺度或距离之下，你能感觉到心理舒适，能跟这个世界进行友好的互动，并获得尊重和成长，减少怨恨、愤怒和倦怠。而且健康的边界并不是僵死固定的，会随着你跟周围人的互动程度发生变化。比如，当同事成为你的知心朋友，甚至是爱人，这个时候如果还是死守原来的社交距离边界肯定不合适。

不健康的边界则有很多种表现，包括控制、讨好、“救世主”心态、依赖、主动卷入他人事务和过度暴露个人隐私等，但归根结底可以分成两类：一类是突破/侵犯别人的边界，另一类是不设限制、任意放弃自己的边界。这两种情况下都无法获得和谐的人际关系，前者会让人过度卷入/干涉/控制他人的生活，而后者则是让渡自己的权力去满足他人的要求，期待他人为自己的人生负责，或者从他人身上获得对自己价值和身份的认同。无论哪一种，当期望落空时，都会导向同一个结果，影响健康人际关系的建立并产生身心困扰。就像世民，他经常放弃自己的边界，将他人的需求和感受看得比自己更重要，一旦想到拒绝同事，就会觉得同事会受伤，认为他的拒绝会影响同事关系。为了维护好人缘或“好人”的形象，即使受到不公正的对待也只会忍气吞声。

之所以会造成边界不清或缺乏边界感，主要有家庭、个体、社会等因素：家庭方面主要包括早期成长过程中遭受过多的控制和干预、溺爱、过度的苛责、忽视，没有稳定的照护、缺少安全感等；个体方面如躯体疾病或精神障碍会影响一个人对边界的觉察能力，自我认同冲突会影响个体正确理解、扮演和转换身份角色的能力，导致边界感模糊；社会方面如过度宣扬谦恭、中庸、谦虚或者慕强的文化也会影响边界感的建立。

3. 当事人画像

没有边界感的人都有哪些特质？你是那个没有边界感的人吗？

侵犯边界和放弃边界都是没有边界感的表现。在世民的案例中，这两种不健康的边界形式都有展现。没有边界感的个体有很多特质，常见的有以下几种：

- 高控制：这类个体拥有很强的控制欲，对他人缺乏尊重，喜欢强迫他人按照他们的方式做事，总是想站在“高位”，比如想赢过别人、占上风、指责/批评/贬低/打击他人；不太能接受与自己不同的意见和建议；很难接受别人的拒绝和否定。高控制的个体很多时候与“自卑”“自大”相关，其内核还是缺少“心理安全感”，常常需要通过掌控他人来获得安全感。一旦失去掌控，他们就会变得非常焦虑甚至失控。因此，这类个体可能经常会尝试破坏/侵犯他人的边界来获得掌控感。他们经常使用以下方式来控制他人：

- 侵犯边界：情感勒索与道德绑架（如果你不这么做，就是看不起我）
- 通过他人的弱点操控他人（你现在职称晋升就差这一个条件了，你还不积极参与这个项目）
- 隐形攻击（上次那件事我帮了你那么多，没想到你跟我抢这个项目，你的良心在哪里）
- 批评和羞辱（上次项目就是因为你才没通过，这个项目你还是不要参加了吧）
- 用自己的优势打击/贬低别人（我在这个领域做了10年了，你这个方案没我的指导肯定过不了关）
- 收集和窥探别人的隐私和难堪，用这些作为控制的筹码（你以为我不知道你在上次项目中做的事？这次我不会让你如愿）。

● 低自尊：自尊是指一个人的整体自我价值感，即自己对自己的看法。它可以包含很多因素，比如自信心、能力感、归属感和身份感。自尊会影响我们每个人生活的方方面面，它不仅意味着喜欢自己、自我感觉良好，还意味着重视自己的想法、感觉、感受、兴趣和目标，相信自己值得爱。自尊不仅会影响你对自己的感觉和对待自己的方式，影响你追求生活和自我发展，也会影响你允许别人如何对待你。

低自尊的个体常常自我感觉不好、对自己很苛刻；当被人否定时，第一反应是自我反省；对别人的情绪敏感、害怕与别人发生冲突、习惯妥协；习惯听从别人的吩咐、依赖他人、不敢表达自己的意见、也不敢表达自己真实的情绪和需求；很难拒绝别人，而一旦拒绝别人，内心就会充满纠结或愧疚；不敢麻烦别人，害怕亏欠别人；害怕失败，过于在意别人的感受和想法；习惯取悦别人，宁愿委屈自己，也要让别人满意；缺少自我认同，只是按照别人的想法来界定自我。因此，这类个体可能常常会为了得到他人的认可而放弃自己的边界。就像世民，因为从小被认为是家里“多余”的小孩，害怕被父母抛弃的恐惧使得他只能通过做“乖小孩”来得到父母家人的认可，而没有能力去发展出真正稳定的自我及自我认同。他对自我价值、自我的认同主要来自他人。而这种模式也体现在他的工作中，因为低自尊，他自己默许了同事对他边界的侵犯以及各种不尊重行为。

● 过度自恋：自恋的本质是过分关注自我，倾向于以自我为中心，缺乏对他人的同理心。这类人关注的是自己的需求，很难从他人的角度去理解和感受，也不愿意花时间去理解他人的需求和感受。自恋型的个体同时内心脆弱，需要别人的持续关注和认可来维持自己的自尊，一旦失去了这种关注，就会感到无助和沮丧，也容易情绪和行为失控。为了获取他人对自己的关注，他们常常也会有高控制的特征表现，因此会更多地尝试冒犯他人的边界。

4. 预防或调节方式

★ 学会课题分离

心理学大师阿尔弗雷德·阿德勒（Alfred Adler）认为一切人际关系的矛盾都起因于对别人的课题妄加干涉或自己的课题被别人妄加干涉，因此提出“课题分离”的主张，即告诫我们要学会把自己的课题和别人的课题分离开来。而要辨别课题归属，方法非常简单，只需要考虑“某种选择带来的后果是由谁来承担”。如果后果由我承担，就是我的课题，你可以给建议或帮助，但我是否接受是我的权力，你无权干涉；同样，如果后果由你承担，那就是你的课题，我无权干涉，除非你主动寻求帮助，但是否提供帮助是我的权力，你也无权干涉；如果后果由我们共同承担，那就是我俩的课题，其他人无权干涉。不去干涉别人的课题也不让别人干涉自己的课题，这是阿德勒提出的改变人际关系烦恼的方式，但其同样适合讨论边界的设定。

课题分离的本质用通俗的话讲就是“关你什么事，关我什么事”。比如世民的案例中，做方案本来就是同事的职责，完不成的后果由同事来承担，因此完成方案是同事的课题，跟世民无关。现在同事来寻求帮助，是否提供帮助是世民的权力，同事无权干涉。对世民来说，帮同事是情分，不帮是本分。即使世民拒绝后同事会伤心，那他的情绪也是他自己的课题，要为这个情绪负责的是同事本人，而不是世民。同事将自己的工作职责强加在了世民身上是在突破边界，而世民替同事承担工作并为同事的情绪负责，其实也是一种突破边界的行为。

★ 认识自己边界被侵犯的信号

这其中第一步是要了解自己的底线在哪里，比如哪些是让你产生心理不适的言行，明确自己在身体、情绪、心理和行为方面可承受的限度在哪里。第二步是识别信号，了解自己遭遇那些底线言行时，会有哪些不舒服的感受，是内疚、怨恨、情绪低落、生气还是身体反应，当自己出现这些信号时，尝试检查一下刚刚发生的事情是否突破了你的界限。你也可以利用下面的边界探索工作表（表2-7），学会为自己设置边界。

表 2-7　边界探索工作表

想一想那个你需要设置边界的人或群体 / 团体，可能是你跟这个人或群体 / 团体的边界太僵硬，太没有边界或者存在其他难以说清楚的问题。
你和谁之间有边界设置问题？（比如你的同事、老板、父母或爱人）请写在下方横线上。

续　表

你跟他/她之间的边界问题，主要体现在哪些方面？在下方表格中勾出适合你的选项。

边界类型	缺少边界	过于僵化	健康	其他
物质边界				
空间边界				
时间边界				
情绪边界				
性边界				
思想边界				

花时间想象一下当你和他/她设置健康边界之后，你的工作或生活会是什么样子？比如原来过于僵化的边界变得更加灵活一些，或者从缺少边界变得有边界，你开始对和你无关的事情说“不”。然后思考下面三个问题：

为了改善你的边界，你需要采取哪些行动？

____

____

当你采取这些行动之后，他/她会如何反应？

当你和他/她之间建立起健康的边界之后，你的生活会有哪些不同？

★ 学会表达需求

边界感是每个人主观的感受，只有我们自己才了解自己在什么情况下会不舒服，如果你不说，不了解你的人不可能知道你的边界在哪里。因此，很多时候那些打破你边界的人可能并不是故意要这么做，他们只是根据自己的人生经验在理解和试探你的边界。所以，如果你不想他人侵犯你的边界，就需要明确表达自己的边界在哪里。当然，很多人在表达自己边界的时候会犹豫，担心破坏自己的人际关系。但是，就像前面所说的，没有边界的人际关系并不是我们真正需要的关系，有边界才能让关系走得更远。

不过，“关你什么事，关我什么事”这种表述在很多场合都不太适合，实际生活中还是需要一些技巧帮助我们温柔又坚定地表明边界。比如，我们可以从关注自我需求的角度出发，用以“我”开头的句子代替以“你”开头的句子，对方的感受会更好。比如你不想帮同事加班做方案，可以对同事说：“我下班后很累需要休息，恐怕难以胜任。”而不是说：“请你不要打扰我下班休息。”

★ 让别人知道侵犯边界的后果

除了告诉对方你的界限在哪里，还要向对方明确说明你这么做的重要性，以及不这么做会有什么后果，这样你的边界才会真正奏效。因为如果别人侵犯你的边界却没有任何后果，那么你的边界就会形同虚设。以下表达有助于你维护自己的边界。例如，你可以说："如果你能够……，我会很感谢你，这对我来说很重要。""请不要……，我会感到很……。""如果你再这样做，那么……。"

对于习惯没有边界行为的人来说，一开始要改变会很难，不过凡事都有开头，可以从一些无关紧要的小事开始练习，练习多了，感受到边界的好处之后，自信就会增加，运用起来也会更自如。另外，上面提到的很多技巧都是聚焦如何为自己设置边界，但是尊重别人的边界也和为自己设置边界同样重要。无论是在职场还是日常生活中，这都是帮助我们建立良好人际关系的钥匙。

VAR 技巧，让你的拒绝温柔又坚定

V（validate）代表证实/确认/理解对方的处境，即设身处地站在对方的角度去考虑问题，如果你拒绝了对方，他会有什么感受？体验并理解一个人被拒绝后会出现的不适感。比如，如果你的同事让你帮他下班的时候顺路送一下资料，你拒绝，他会怎么想？他可能会觉得很生气，"哼！顺手就可以做到的

事都不帮我”。“生气、事情很简单”就是他的感受和想法。这时你需要尽量用理解、共情的语气在开头确认他的想法，表达你对他的理解：“我知道你觉得这只是举手之劳的事，这点事我都不帮，你肯定心里不舒服，可是……”

A（assert）指坚持自己的主张或立场。我们表达请求或拒绝时，一定要做到清晰、直接和具体。接上前面的例子，你可以说：“可是我今天和同学约好6点在外滩见面，所以真的没法帮你。”

这一部分最难，因为要明确说“不”，对方的失落感会让你焦虑。但是清晰的交流对双方都有益。越是清晰、具体，对方感受到的不确定性就越少，因此期待落空带来的不适也越少。

R（reinforce）表示强化，即强化他们对你拒绝的理解，核心是要表达出，你拒绝他其实是为他着想，从而强化你希望得到的对方的理解和后续行为。这其中包括三个情形：一是你的拒绝会给他带来好处，比如“我怕等我和同学见好面再带过去会耽误你的事，而且我这个人容易丢东西，来来回回把你文件弄丢了可就不好了”。二是拒绝后会提供其他的解决方案，比如“那个谁也住那边，你可以问问他”“那边很好逛，你也难得去一次，可以送完文件顺便逛一会儿”。三是感激他对你拒绝的理解。解释清楚原因后，简单地加上一句“非常感谢你对我的理解/谢谢你能体谅我，这对我很重要”，对方就很难对你有什么不满了。

来到这一篇章，请先将双臂交叉放于肩头，轻轻拍拍肩膀，对自己说：你辛苦啦。这个动作很简单，却能帮助你缓解疲惫，重获能量。

网络上用“脆皮打工人”来形容毛病一堆、身心俱疲的打工人，睡眠障碍、整日焦虑、情绪不稳、免疫低下……你中招了吗？如果中招了，也没关系，人在职场混，谁还没点毛病，我们只要能发现问题，找到对策，及时止损，就能重获新生，满血回归。

第三篇

身为
打工人的我

辛苦了一天，要早睡呀

一、心理案例

心理咨询记录卡

姓名：小秀　　　　性别：女

年龄：29 岁

咨询次数：第 3 次

来访者主诉

小秀，一位年仅29岁的年轻医生，毕业于国内顶尖医学院，以优异的成绩获得了医学博士学位，并顺利进入了一家知名三甲医院工作。小秀性格内向但坚韧，对待工作和学习力求完美。在上学时小秀对待每一门课都极为认真，从不满足于获得好成绩，而是力求掌握每一个细节，对知识的深度和广度都有着极高的要求。这种追求完美的态度使得她在学业上取得了优异的成绩，多次获得奖学金和学术荣誉。工作后，小秀更是不断追求卓越，努力学习最新的医学知识和技术，积极参加各种学术交流和培训活动。

小秀希望自己能够利用好有限的休息时间，保持充足的体力和良好的精神状态，来应对日渐增加的工作任务和压力。但事实上，她并没有像自己期望的那样抓紧时间休息，而是在晚上好不容易把事情忙完、终于可以休息的时候，忍不住刷起手机来。她常常抱着"我只刷一条小视频、看一集电视剧就睡觉"的想法开始，结果几个小时过去了还在刷手机。明明10点就上床准备睡觉了，却常常要拖延到凌晨1点、2点才睡。放下手机后，大脑还处于兴奋状态，要好一会儿才能睡着。这导致小秀白天精力不足，工作效率下降。虽然屡屡暗下决心晚上一定要早睡，但她还是会忍不住熬夜刷手机。周末的时候，小秀熬夜后常常会睡个懒觉，但到了周末的晚上又会因为白天睡得太多没有睡意而睡得更晚，如此形成了恶性循环。

重要成长经历或生活事件

小秀从小到大都是别人眼中的好学生。从一个小县城到一线城市发展，小秀也非常珍惜能够留在目前这家大学附院皮肤科工作的机会，并且她认为这是一个非常不错的职业起点和发展平台。她对自己有比较高的期待，希望自己的表现能够得到科室领导的肯定，因此也给了自己比较多的压力，常常加班加点工作，不是看门诊就是看文献、做课题、写论文。这样一来，忙碌的一天中她可以休息和放松的时间并不多。

小秀以前的睡眠还不错，目前的睡眠环境也还可以，除了晚睡、周末补觉以外，基本没有其他不良的睡眠习惯。白天的工作让她有足够的体力、脑力消耗，上下班途中有机会接触1个小时左右的户外光线，一周里能为自己安排4 ~ 5次运动，她从不在中午以后喝咖啡和茶，也非常注意维持睡眠环境的安静和舒适。

关键对话摘要

小秀：我其实每天都在下决心，晚上上床后坚决不刷手机，早点睡觉，但是每次都做不到，真的很沮丧。家里人觉得我应该在单位好好表现，主任对我寄予厚望，也希望我能够快速成长起来。我也希望自己能够有更好的工作表现，但有时候真的忍不住。我喜欢自己的工作，但每天要面对那么多患者，稍微有点空的时间，还要想着课题文章。一天忙下来，我也就睡前那么点时间可以稍稍放松一下。就这点时间也要克制自己，有时我觉得这样的自己太可怜了。

治疗师：看来你一直在努力克制，那晚上刷手机的内容都是你喜欢的吗？

小秀：有时候内容很吸引我，但大多数时候都挺无聊的，可就是不想放下手机。我知道时间很晚该睡了，可就是……好像舍不得去睡觉。

治疗师：听起来，你是主动选择了熬夜。你想要轻松、愉快的生活，但理智上又觉得自己应该努力上进。白天的工作学习需要你克制住自己，这个克制是需要消耗心理能量的。而白天心理能量的过度消耗，也影响了你晚上的自我控制能力，让你忍不住要拖延睡眠时间。

小秀：没错，我的确是这样的，白天越是忙，晚上手机就刷得越晚，特别是碰到主任要查房、要修改文章或者科室要求申请课题的那段日子，熬夜更是厉害。

治疗师：嗯，我们在压力增大时，就会更倾向于直觉的选择，而不是理性的选择，因为这个时候我们可能没法理性地评估“熬夜”这件事情给我们带来的风险与收益。熬夜的时候，我们感觉到的回报是眼前的、即时的“享受”，而后果，比如对健康、情绪状态的影响是未来的、延时的。压力让我们更倾向于选择眼前的满足，做出对自己来说风险更大、获益更少的决定。就像平常压力大的时候，我们很多人会更倾向于选择抽烟、喝酒、吃高糖高脂食物等能即刻帮助我们解压但并不健康的生活方式一样。

评估

一般性心理问题，因追求完美、自我消耗过多，养成偏好熬夜的睡眠习惯，导致睡眠拖延。

治疗师：张医生

2023年11月

二、掌握心理关键词

睡眠拖延 | 你熬的也许不是自由

1. 关键词描述

睡眠拖延指的是在没有任何外部原因阻碍的情况下，仍无法在预定时间上床睡觉的现象。睡眠拖延已经成为一个普遍存在的问题。在科技迅猛发展的今天，人们白天生活节奏越来越快，属于个人的空间减少，越来越多的人选择用睡前的娱乐活动来犒劳自己，满足自己的心理需求。

社会文化背景是睡眠拖延的重要因素之一。现代社会对工作和成就的高度重视迫使人们倾向于牺牲休息时间以追求事业成功。这种工作至上的文化让很多人形成了不愿意放下工作、忽视休息的习惯，从而导致睡眠时间减少。

社交媒体和娱乐文化也助长了睡眠拖延的普遍化。智能手机、平板电脑的普及让人们可以在床上轻松地沉浸在社交媒体、视频游戏等在线娱乐中。不断涌现的信息和刺激使得人们更容易沉迷于网络，很难在规定的睡眠时间内入眠，从而影响了正常的睡眠。

另外，现代社会中，来自工作、学业、生活的压力等让很多人一直处于紧张状态，难以在晚上放松，进而影响入眠。焦虑和抑郁等情绪问题也可能导致个体在夜晚难以入眠，形成恶性循环。此外，睡眠拖延可能与睡眠环境、睡眠习惯等因素密切相关，比如不规律的作息时间、过度依赖药物帮助入睡等。

睡眠拖延会破坏生物钟，导致白天困倦、精神不集中，进而影响工作和学习效率。此外，长期的睡眠不足还可能引发一系列健康问题，如免疫力下降、记忆力减退等。其影响不仅仅局限于生理层面，还包括心理和情绪层面。长期的睡眠不足可能导致焦虑、抑郁等心理问题，影响个体的心理健康。

综合而言，睡眠拖延在现代社会已经成为一个值得关注的问题。社会文化的工作至上、娱乐泛滥等因素使得人们更容易忽视睡眠的重要性。为了维护身体健康和心理平衡，个体需要重新审视并调整自己的生活方式，对睡眠给予足够的重视并养成良好的睡眠习惯。

2. 心理学解读

睡眠拖延是一个复杂的现象，其成因涉及个体的心理特质、社会文化、生物钟等多个方面。

睡眠拖延的心理成因可以追溯到个体的心理特征。个体的个性特质、心理健康状况以及应对压力的能力都会影响其睡眠习惯。例如，焦虑、抑郁等心理问题可能导致个体难以入眠，形成睡眠拖延的现象。个体的性格特点也会对其睡眠产生影响，比如过于完美主义、拖延症等特质可能使人在晚上难以放松，导致入眠困难。

当我们在白天把大多数时间都放在非自我意愿的活动中，到了晚上“自由”的时间里，就会更倾向于重新获得对时间的掌控，弥补白天没有机会放松和愉快的“遗憾”、体验良好的自我感觉，并往往会在不知不觉中延长这段时间，造成睡眠延迟，这也被称为“报复性熬夜”。

社会文化对睡眠拖延的心理影响不可忽视。现代社会对工作、成就的过度追求以及24小时社交娱乐的不断发展，使得人们在晚间难以割舍各种活动，从而导致熬夜成为常态。社交媒体、在线娱乐等虚拟社交活动在晚间尤其活跃，人们往往被吸引并沉迷至深夜，影响正常的睡眠。

生物钟也是睡眠拖延的影响因素之一。生物钟是人体内在的生物时间钟，负责调控身体各项生理活动的节律，包括睡眠—觉醒周期。睡眠—觉醒周期的调控受到外界刺激的影响，比如光照、环境温度等，手机、平板电脑等电子设备发出的蓝光会影响人体褪黑素的分泌，从而使大脑处于兴奋状态，反过来又进一步加强了睡眠拖延的程度。

3. 当事人画像

下面这些容易导致睡眠延迟的特征，你有吗？

● 完美主义者：睡眠拖延常常与完美主义的特质有着密切的联系。完美主义者过于追求卓越和完美，加之社会文化对于成就的认同，他们在工作和生活中往往对自己设立高标准，从而陷入对完美的工作成果、社交关系或个人目标的追求中，导致晚上长时间投入工作或其他活动，削减了正常的睡眠时间。对于完美主义者来说，无法完成既定目标会导致焦虑，这可能是他们在夜晚难以入眠的原因之一。小秀就有完美主义的倾向，过于追求完美和对自我高要求的特点让小秀把白天大量的时间投入到工作中，缺少放松和休息，在无法实现完美时还容易产生焦虑，这些都是造成睡眠拖延的风险因素。

● 社交媒体爱好者：社交媒体的盛行对睡眠拖延也产生了深远的影响。社交媒体爱好者常常深夜沉浸在虚拟世界中无法自拔。手机、平板电脑等设备的持续使用可能导致蓝光暴露，抑制褪黑素分泌，进而影响生物钟。这些个体可能习惯在床上刷社交媒体、观看视频，无法及时入眠，导致睡眠时间大幅缩减。

● 焦虑和抑郁患者：出现睡眠拖延与焦虑和抑郁密切相关。那些长期受到心理压力困扰的个体，可能在夜晚出现思维过度活跃、无法放松的情况。抑郁症患者可能面临入睡困难、频繁醒来、早醒等问题，而焦虑症患者则可能在夜间过度担忧未来，难以安心入眠。

● 夜猫子：一些人天生就是夜猫子，他们的生物钟更倾向于晚上活跃。这类个体可能在晚间更有创造性和活力，往往选择在夜深人静的时候工作或娱乐。虽然这并不一定是一种问题，但如果他们生活在一个强调早起的社会文化中，可能会导致睡眠时间不足。

● 肩负多重责任的家庭主妇/主夫：家庭主妇或主夫往往承担着多重责任，包括照顾家庭、教育子女、处理家务等。这些责任可能使他们白天无法腾出时间进行自我放松或追求个人兴趣，就只能选择在夜间完成这些任务，从而延迟入眠时间。就像一句网络流行语表达的："我熬的不是夜，是自由。"

● 依赖药物的人：一些人可能在睡眠困难的情况下寻求药物帮助，如安眠药。然而，长期使用这类药物可能导致对药物的依赖性，同时也可能影响正常的生物钟和睡眠质量，使服用者饱受睡眠拖延的困扰。

4. 预防或调节方式

怎样避免睡眠延迟?

★ **建立规律的生活作息**

每天在相同的时间入睡和起床，有助于调整生物钟，提高睡眠质量。规律的作息可以帮助身体建立预期的睡眠模式，降低入睡困难的可能性。

★ **创造舒适的睡眠环境**

确保卧室的光线、温度和安静程度都适宜入睡。使用遮光窗帘、舒适的床上用品，并保持安静的环境，提供良好的睡眠条件。

★ **避免使用电子设备**

在入睡前避免使用手机、平板电脑等发光设备。这些设备发出的蓝光可能抑制褪黑素的分泌，干扰生物钟，影响入睡质量。

★ **限制咖啡因和酒精摄入**

傍晚及之后避免摄入含有咖啡因的食物和饮料，以及过量的酒精。这些物质可能刺激中枢神经系统，干扰入睡过程。

★ **建立放松的睡前仪式**

创建一个有助于放松的睡前仪式，如深呼吸、冥想、温水泡澡等。这有助于减轻一天中的紧张和焦虑，为入睡创造更好的条件。

★ 规律锻炼

适度的身体活动有助于提高睡眠质量。但要注意，在睡前3小时不要进行过于剧烈的运动，以免影响入睡。

★ 调整饮食习惯

睡眠也与饮食有关，过饱或过饿都可能影响入眠。晚餐时间要合理，并尽量避免过多辛辣和油腻的食物。睡前也应尽量减少液体摄入，以避免频繁起夜。

★ 寻求专业帮助

如果睡眠拖延问题严重，影响了生活质量，寻求专业医生或心理医生的帮助是非常重要的。他们可以提供更深入的评估和定制化的治疗方案，包括认知行为疗法、药物治疗等。例如记录睡眠日志，即通过记录睡眠时间、质量和觉醒时段，帮助发现睡眠模式和问题。这可以为医疗专业人员提供有用的信息，以制定更有针对性的干预方案。又比如，认知行为治疗，心理医生或睡眠专家可以指导调整不良的睡眠观念和行为，以改善入睡和睡眠质量。

写给睡眠拖延的打工人的实用建议与寄语

1 实用建议

- 设定工作与休息的界限：确保工作和休息时间安排合理。避免过度加班，给予自己足够的休息时间，如此有助于维护生理和心理的平衡。

- **设定工作结束时间**：为了避免一直工作到深夜，设定一个固定的工作结束时间。在这个时间点后，尽量避免处理与工作相关的事务，为自己创造入眠的条件。
- **建立放松的转折点**：在工作结束后，设立一个短暂但明确的转折点，如散步、听音乐、喝杯茶等。这有助于过渡到休息状态，减缓紧张情绪。
- **限制电子设备使用**：在睡前一小时停止使用电子设备。通过限制屏幕时间，减少蓝光下的暴露，有助于调整生物钟，提高入眠效率。
- **练习深度呼吸和冥想**：在入睡前进行深度呼吸或冥想练习，帮助缓解工作压力和焦虑。这可以成为睡前的仪式，有助于放松身心。

2　寄语

你所做的一切都是有价值的。你为了生活和梦想而拼搏，这份努力是可贵的。然而，也请记得，疲惫的身体和心灵需要被关怀和呵护。不要忽视了每一夜的重要性，要让自己得到充分的休息。

工作是为了更好生活，而不是生活为了工作。设定一个工作结束的时间，留出一段属于自己的宝贵时间。让夜晚成为你释放压力、放松心情的时刻。

在忙碌的工作中，别忘了照顾好自己。适当的休息不仅能让你的身体得到恢复，也会让你的思维更为清晰。良好的作息习惯，可以让你在每一天都充满活力。

不要因为工作而忽略了自己的身心健康。工作是一时的，身体是一世的。无论多忙，都请为自己创造一些专属的幸福时光。

在这个深夜，我向你送上最诚挚的祝福。愿你能夜夜安眠，梦想成真。

当抑郁黑狗找上我

一、心理案例

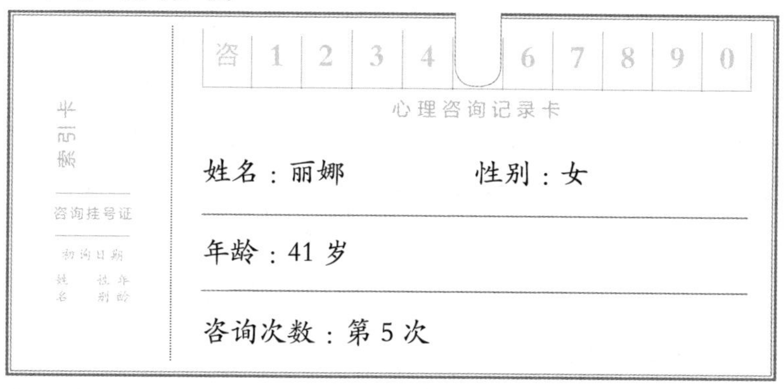

咨 1 2 3 4 6 7 8 9 0

咨询挂号证

初询日期

姓名 性别 年龄

心理咨询记录卡

姓名：丽娜　　　　性别：女

年龄：41 岁

咨询次数：第 5 次

来访者主诉

丽娜是单位的中层干部，业务能力突出，与上下级的关系融洽。大约半年前，她得到消息：总部想在她和另一位同事中挑选一人晋升到分公司高级领导岗位。对此，她觉得很受鼓舞，想在考察期做出更多成绩让大家看到，以此来增加自己的竞争力。

但由于市场环境改变，一些业务指标都在萎缩。虽然自己加班加点维护和开拓客户，花费大量时间各地出差奔波，但起色不大，丽娜经手的业务没达到总公司的规划目标。不过，相比其他同等规模企业的情况，丽娜的业绩已算优秀，领导也认可这是全行业面临的问题。但在她看来，领导的安慰意味着自己是个失败者，也代表着她在竞争中出局了。

就在她为工作奔忙的同时，母亲生病住院，上初中的孩子学习成绩又下滑了。丈夫虽然不像她那么繁忙，但面对突发的家庭事件，也抱怨她对工作投入太多。虽然没有发生争吵，但她还是为自己没有照顾好家庭而感到十分内疚。这半年间丽娜还出现了以下的症状：

★情绪低落：想到自己工作的失败和家庭中目前遇到的危机就忍不住落泪。

★兴趣减退：对以前喜欢的娱乐活动提不起兴致，休息日不愿外出，不想与人交流。

★失眠：几乎每天都有入睡困难、早醒的情况，经常彻夜难眠。

★自我评价降低：认为自己是个失败者，工作不行，家里也没照顾好，给家人和同事带来了麻烦和困扰。

★记忆力、注意力明显下降：以前是个很仔细的人，但这几个月丢三落四的事情变多了。经常有走神的现象，比如开会时不知道台上讲到哪里了。有几次过马路都没注意到过往车辆，差点发生意外。

重要成长经历或生活事件

丽娜的父母从小就对她要求比较高，让她学习钢琴和补课。但她的成绩并没有达到父母的期望，初中就读于当地一所重点学校，中考成绩不理想去了一所普通高中。丽娜感觉父母因此事对自己“不满意”和“失望”，于是在高中时读书非常努力，经常凌晨起来背英语单词，搞题海战术，最终考上了省里一所排名靠前的二本大学。对此，她和父母都觉得很可惜，只差一点点就能上更好的学校。

父母对丽娜的结婚对象也不是很满意，觉得对方配不上她。婚后丈夫和自己娘家走动也不多。后来生了孩子，父母经常来照顾孩子才又变得热络一些。

关键对话摘要

丽娜：既然有这样一个上升的机会放在我面前，我很想去争取一下。但另一个竞争者比我年轻，又有海外管理专业的背景。我觉得自己肯定要拿出更多的成绩让领导看到。

治疗师：虽然领导把你们放在了同一个位置做考量，但你还是会觉得自己不如别人，是吗？

丽娜：我们各有优势，但她年轻漂亮，可能更得某些领导的喜爱。所以我要做出实在的业绩，既让上面看到，对下面也要能够服众。就是为了这个目标，我才那么努力，拼命工作。

治疗师：似乎你一直很努力，想让别人都满意，包括领导和下属。

丽娜：是的，可惜到头来，我觉得自己什么都没得到。现在业务不及预期，家里又出了很多事，我感觉既没取得事业上的成功，也没能照顾好家庭。领导和家人都对我不满意，我真的一无是处。每天一想到这些，我就连觉也睡不好，有时候吃了安眠药也没有用。

治疗师：但从你告诉我的那些事来看，我并没有听出别人对你有多大的失望和不满。似乎是你自己强烈地相信别人对你不满，同时也坚信竞争者更能得到领导的赏识。

评估

轻度抑郁，因职业压力和家庭双重压力引发抑郁。

治疗师：陈医生

2023年10月

二、掌握心理关键词

抑郁症 | 也许不只是情绪低落

1. 关键词描述

抑郁症是一种相当常见的精神障碍。年轻人从踏入社会寻找工作开始，就会面临许多新的人生挑战。事业上升期35岁前后的这段时间，又恰恰是抑郁症的高发年龄段。因此在职业经历早期受各种因素叠加影响，很多人都会经历抑郁。

根据世界卫生组织的数据，焦虑和抑郁是职场最主要的病假原因。抑郁症和焦虑症每年造成120亿个工作日损失，每年全球经济损失总额约1万亿美元。个人也会因此背负高昂的医疗费用开支，面临因工作不稳定导致的收入下降的风险。一些社会机构开展的调查结果显示，我国大约有一半在职者在工作环境中感到情绪低落、缺乏活力。

全球范围内，职业环境中的心理健康往往会被单独讨论，与工作环境相关的抑郁问题就被称为“职场抑郁症”。它在表现上与其他因素所引发的抑郁差不多，比如身体上容易疲劳、经常失眠；情绪上感到悲伤、沮丧、不快乐、易怒；感觉自己缺乏动力，对什么事都提不起兴趣；有些人甚至会明显察觉自己的反应、思维速度变慢，记忆力也在下降。但相较其他健康问题，职场抑郁症更需要个人、企业、社会的共同努力。

正常情况下，工作本身能够给人带来经济回报、确立个体社会存在感、价值感，提升个人自信，给人带来幸福感和满足感。但随着“内卷”“996”“24小时待命”等工作文化的蔓延，各种职业压力越来越严重。某些恶劣的职业环境中，不仅有过于激进的淘汰机制，竞争压力过大，还可能存在报酬过低、收入不稳定，甚至PUA、霸凌、性骚扰等现象。如果你在工作中不仅得不到积极的回报与支持，反而感受到巨大的压力，长期处于消极的情绪之中，就会引起职业倦怠，长期下去甚至会出现严重焦虑和抑郁。

2. 心理学解读

到底是什么导致了职场相关的抑郁症？

抑郁症是生物、心理、社会综合因素共同作用的疾病。除去遗传因素、神经生物因素、激素影响等生物医学因素，在工作环境中引发抑郁症的最主要原因是认知因素、人际关系问题和压力。

心理学家马丁·塞利格曼（Martin E. P. Seligman）提出了抑郁的习得性无助模型。这个理论认为抑郁的根源在于人们如何解释自己所经历的挫折和其他消极事件。一些倾向于负面归因的人，遇到困难或批评时往往会认为是自己的问题。

一些研究认为，社会应激可能是导致女性抑郁发生的重要因素。一般来说，女性会比男性花更长时间关注自身负面的情绪。这种关注会不断加强消极情绪，而不是尽早有效地解决存在的问题。

从组织心理学的角度来说，一个人在工作中如果得不到组织的指导和有效支持，在集体中被忽视，被剥夺了发表自己观点的权力，会更感到无助和情绪低落。另外，组织结构不合理，工作目标和责任不明确，个体面对集体时沟通效率低下，提出的问题无法得到明确的答复，重复修改了多次的文书最后用回第一稿，努力工作却得不到匹配的晋升和奖励……类似这样的情况都会让人感到愤怒、焦虑、无所适从。

过于繁重的工作量和超长的工作时间，例如连续几天得不到充分睡眠的加班，难以完成的KPI，也更可能隐秘地对生理和心理状况造成双重损害。

除此之外，医护人员、窗口单位工作人群，其工作若得不到服务对象的认可与理解，也容易滋生不满情绪和职业倦怠。工作环境中权力结构导致人际关系紧张，例如被冒犯、压榨、骚扰等现象，同样是造成抑郁的原因。

3. 当事人画像

哪种类型的人容易得职场抑郁症?

2023年有一部以精神科病房为背景的韩剧《精神病房也会迎来清晨》，剧中塑造的三个角色都是因为工作中遇到的问题而引发了严重的精神问题。简单归纳一下他们的人格特点，或许能帮助我们理解什么样的人容易在工作中患上抑郁症。

● 能力突出的好好先生：这类人也许刚刚名校毕业，初出茅庐，品学兼优。他们心怀梦想，期待着无限的可能，但社会经验相对不足，很容易被捧杀，承担过多的工作任务。因为效率高，好说话，团队的工作慢慢地都向这一个人集中。因为好好先生不懂拒绝和树立界限，提要求的人就对任务完成时限和质量有了不合理的期待。而当好好先生因为各种原因无法让提要求的人满意时，指责就会随之而来。好好先生往往被淹没在无尽的任务之中，在别人紧紧盯着的催促中疲于奔命。明明是做了太多不应承担的事，却很可能会因为这些额外任务遭受指责。

● 牺牲个人生活的积极分子：他们或许是正年富力强的单位中层或骨干，面对自己职业发展路径上似有若无的“玻璃天花板”，努力挣扎，不肯放弃。在下属和年轻人眼里他们是有能力、有拼劲的榜样。在单位里他们是业务能手，培养对象。以科研人员、医务人员为例，他们一般在本职工作以外，还承担了多项研究课题，教学任务。技术工作、案头工作、社会交往，一样不能少，除此之外可能还承担着家庭的责任，包括老人的抚养、孩子的教育……，甚至可能连生病都放不下手机和电脑。在周围人的眼里他们可能是热情的师长、行业内的翘楚、积极充满活力的同事，但如此经年，他们没有一点属于自己“个人”的时间，就容易忽略了自己的身体与情绪。

● 懦弱的边缘人：这类人可能工作多年但一直郁郁不得志，既没有什么突出的能力，也没有归属于某个小团体。大家都认为他们没有能力不敢辞职，才在单位里熬了那么多年。这类人得不到同事的认可，也显得很孤单，他们会被交付一些零星琐碎的工作，不仅无法获得成就感，还可能被不断吹毛求疵。有时候或许是企业换了领导，或是因为公司发展问题，就会面临被辞退的风险。他们的存在会被刻意忽视和轻视，还被认为是造成团队不和谐的因素。这类个体容易成为大家背后议论和甩锅的对象。一旦某种氛围形成，甚至会出现严重的职场霸凌情况。

这三类人当然不能概括所有情况，但我们可以看到一些比较重要的共同特点。

● 缺乏稳定的自我：稳定的自我不仅指对自己的合理认识，避免被赞誉和诋毁而影响到自我认知，同时还包括了个人需要有职业环境以外的个人生活，不论是能够给予支持的亲友，还是能放松自己的业余活动和爱好，都是维持自我稳定的重要因素。

● 缺乏改变环境的主动性：主动性缺失可能是因为缺乏拒绝、反抗的技巧和勇气，也可能是由于自己什么都想要，不善于规划，不懂得适当取舍和放弃，以至于身上的负担越来越重。还有一种是长期被打压下的绝望感导致失去了改变的信心。

● 缺乏良性的支持系统：社交退缩本身也是抑郁患者的

症状之一，他们可能会觉得别人无法理解自己所面临的压力，也会拒绝别人释放的善意举动，甚至把一些中性或积极的建议理解为负面评价。这种情况下很容易破坏原本就不牢固的支持性人际关系，导致失去朋友和家人的支持，让情况恶化。

4. 预防或调节方式

★正确认识抑郁症

首先我们要了解抑郁症是一种常见的疾病，被称为“心灵的感冒”。每个人都可能会和它在某个时期不期而遇，因此切不可有“我是不可能得抑郁症的”这样的错误想法。

加强对疾病的了解是有效预防的前提，我们通过“心理学解读”和“当事人画像”部分了解到哪些个体和组织特征或因素会增加职场相关抑郁症的患病风险，反过来，这些也可以是我们预防抑郁的切入点。

其次要相信抑郁症是可以治疗的。事实上通过全程规范治疗，大部分患者可以达到临床治愈。治疗过程中必须遵医嘱，切记不能自行中止治疗。同时患者也应当对治疗过程中可能遇到的各种困难有所了解，例如病情反复、药物副作用等。主动、及时、有效地与医生或心理治疗师沟通自己恢复过程中的感受，这会让治疗过程事半功倍。

★关注自身状态

每个人都是自己心理健康的第一责任人，关爱自己、关注自己的健康是相当重要的。个人需要敏锐地觉察自己情绪和身体上的变化，比如：是不是很久没有好好休息，是不是一直神经紧绷？是不是对很多以前爱好的事情失去了兴趣？是不是变得易怒，或是容易自责，觉得悲伤，感到自己没用？当这些信号出现的时候，如果能使用心理自助技巧及时做出一些有效的调整，那么就不容易陷入严重的情绪问题。

当然，从根本上改变自己的认知是一件困难的事情，这是一个需要不断学习的过程。自省和自责之间边界模糊，度也很难把握，但如果你发现自己只能看见痛苦，也许是时候把目光投向远方了。

★多方面调整状态

☆ 学习和了解与心理健康有关的知识，包括疾病的症状和治疗方法。

☆ 勇于谈论自己的情绪和遇到的困难。谈论本身就是一种治疗和放松，谈论的过程也有助于梳理自己的思绪并发出明确的求助信号，同时也更容易获得即时有效的反馈。

☆ 保持充分的睡眠。长期不规律的睡眠对心身健康造成的影响是极具破坏性的。工作日拼命加班、周末补觉的方式，以及利用大量咖啡因饮料维持清醒状态的行为都是不可取的。

☆ 留出充足的个人时间用于体育锻炼和保持自己的兴趣

爱好。瑜伽、慢跑、抗阻训练、音乐与绘画等活动都被证明对心理健康极有好处。但绝对不要在缺乏睡眠、长期疲劳的状态下进行剧烈运动。

★寻求专业的指导

如发现无法自我调适，应尽早就诊，接受来自医生和心理专业人士的帮助。药物治疗可以帮助你从异常的负面情绪中尽快回归，恢复正常的社会生活和保持工作能力；心理治疗则能够纠正错误的自我认知，还能通过训练帮助你学习积极有效的沟通方式和社交技巧。

美国疾病预防控制中心（CDC）
关于工作场所心理健康的员工建议

- 鼓励雇主提供满足其需求和兴趣的心理健康和压力管理教育和项目（如果还没有的话）。
- 参加雇主赞助的计划和活动，学习技能并获得改善心理健康所需的支持。
- 担任专门的健康倡导者，并参加有关财务规划以及如何管理工作场所中不可接受的行为和态度等主题的培训，以便在适当的时候帮助他人。
- 适当的时候，与他人分享个人经历有助于减少耻辱感。
- 对同事的经历和感受持开放态度。以同理心回应，提供同伴支持，并鼓励他人寻求帮助。

- 采取促进压力管理和心理健康的行为。
- 吃健康、均衡的膳食，定期锻炼，每晚睡 7 到 8 个小时。
- 参加促进压力管理和放松的活动，如瑜伽、冥想、正念或太极。
- 建立和培养现实生活中面对面的社交关系。
- 花时间反思积极的经历，表达快乐和感激。
- 设定并努力实现个人、健康和工作相关的目标，并在需要时寻求帮助。

越松弛，越有力量

一、心理案例

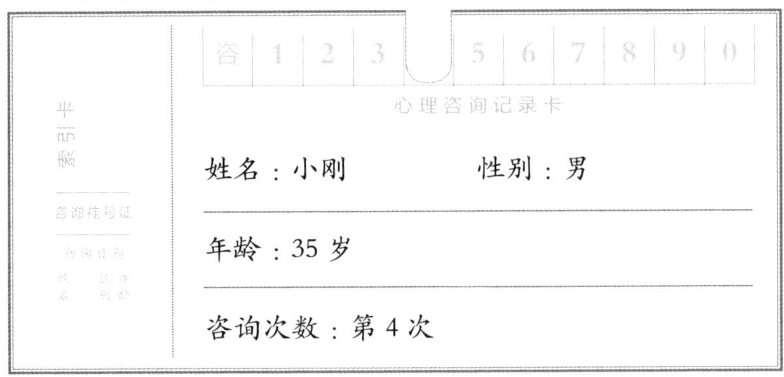

心理咨询记录卡

姓名：小刚　　性别：男

年龄：35 岁

咨询次数：第 4 次

来访者主诉

小刚是从某财大毕业的高才生，大学的时候认识了现在的爱人，毕业后两人在双方父母的支持下在上海买房结婚。小刚在外贸公司上班，工作十年来认真负责，一步一步发展成为公司高层。收入不菲的他婚后育有一儿一女，儿女聪明活泼，煞是可爱。妻子辞去工作，专心在家相夫教子。虽然每个月要支付房贷以及孩子们高昂的教育费用，但小刚觉得自己能够应对，对现在的生活很满足。

随着这两年经济大环境的改变，外贸生意越来越难做，订单与往年相比大幅减少，公司的发展也步履维艰，甚至面临倒闭的可能，很多同事都被裁员了。当老板提出降薪要求时，虽然小刚感到家庭的经济压力会明显增加，但也愿意与公司同舟共济、共渡难关，何况在当前情况下能保住工作也算幸运了。随着很多同事离职，小刚的工作量比以前明显增加了，常常需要加班。更糟糕的是，公司倒闭失业的风险，就像悬在小刚头上的达摩克利斯之剑。小刚越来越担心，如果失业了，房贷怎么办？如果还不上贷款房子会不会断供？会不会被法拍？自己和家人会不会无家可归？还有孩子的学费……小刚常会陷入这样无穷无尽的担忧中。虽然身心疲惫但还是忍不住会胡思乱想，有时想着想着还会感觉心惊肉跳，上班不停地跑厕所，晚上也睡不好，工作的时候也会因为这样那样的担心，无法集中注意力，导致工作上有时也会出现失误。老板发现后提点了一下小刚，希望他能够调整好工作状态，但他却更焦虑了，觉得自己离失业不远了。

重要成长经历或生活事件

小刚出生于一个二线城市，父亲是公务员，母亲是老师。小刚从小就比较认真，做事很有条理，比如他会把自己喜欢的玩具收到固定的柜子里，而且不许其他人乱动。他很敏感，亲朋好友常常开玩笑说他："怎么像个小姑娘，动不动就生气！"

父母对小刚一直严格要求，因此小刚在学习和工作上都很认真，上学、工作阶段表现都不错，基本顺风顺水。他对自己的要求也很高，每年都会给自己定下工作和生活的小目标，年底会自我总结，做得不好还会自我反省。在外人看来，小刚是个优秀的人：长辈眼中的好孩子，同辈眼中的成功者，儿女心中的好爸爸。

关键对话摘要

治疗师：听起来在遇到这次工作上的挫折之前，你对生活还是挺满意的。

小刚：是的，上学的时候成绩好，工作找得也满意，能够在大城市里扎根下来，和爱人感情不错，孩子又可爱，之前的人生都很顺利。我觉得现在这个是我人生中遇到的最大的困难，要是失业了，我的人生好像就万劫不复了。

治疗师：在你看来，失业好像就是对你的一个宣判。

小刚：对，是这样，“失败”这两个字是我没有经历过的，我太害怕了。我爸妈都退休了，平时老家的亲戚朋友说起来，都是很羡慕他们，说我争气。如果我灰头土脸地回去，会很丢他们的脸，让他们在同学朋友面前抬不起头。老婆这边也是，她的闺蜜小姐妹以前都羡慕她，觉得我挣得多，如果……我怕别人会笑她。

治疗师：能感觉到你很害怕让他们失望。

小刚：对，是这样的。

治疗师：以前有过这样的感受吗？

小刚：没……其实也有的。我父母一直对我要求很高，上学的时候我学习还行，所以没怎么让他们失望，但考大学时没被那个最理想的专业录取，我感觉他们有点失望。虽然后来学的专业也很好，但有时候想起来还是遗憾，有点自责。

评估

因失业压力引发焦虑情绪。

治疗师：王医生

2023年12月

二、掌握心理关键词

松弛感 | 越松弛，越有力量

1. 关键词描述

在当今竞争激烈的社会中，许多人被工作压力、生活挑战和各种责任所困扰，焦虑问题逐渐成为一种普遍现象。完不成的KPI、高昂的生活成本、巨大的贷款压力、不断上涨的房价、疲惫的身体、子女的教育、父母的养老、同伴的压力……打工人不仅需要应对职场的高压力，还要面对经济压力、社交挑战和身心健康问题。

在这种情况下，不少打工人变成了拧紧的发条、拉满的弓、绷直的弹簧，时刻处于紧张的状态，唯独忘记了怎么让自己松弛下来。然而，越是焦虑，我们越需要学会松弛。松弛感被定义为一种心理状态，从心理学视角来看，松弛感很贴近心理学概念中的心理弹性，也称为心理复原力，是指一个人在面对压力时，具有能有效地应对和适应，从而使情绪达到一种平衡状态的能力。在焦虑的大环境下，松弛感起着重要作用。因为越焦虑，就越容易犯错，也越容易将有限的能量消耗在无谓的内耗之中，让人裹足不前。松弛感却能让我们在紧绷中获得喘息和修复，不执着于眼前，目光更长远，进退有度，让自己掌握真正的方向，并获得出发的力量。

2. 心理学解读

松弛感的内核是情绪的稳定，是“慢慢来，一切都会好起来”的信念，以及良好的自我调节能力。在这种状态下，个体感到放松、乐观、从容、平静……松弛感可以帮助处于内卷和紧张的个体减轻焦虑情绪，学会与不确定性共处，更多地接纳自己，减少纠结和精神内耗，有更多的能量有效地应对问题和照料自己，从而达到内心的平衡。松弛感不是躺平，也不是懒散或者消极，它是一种放松、平静但有内在力量的状态，表面平静，但内核却拥有足够的力量迎接各种挑战。松弛感，是缓解焦虑、通往幸福的一种能力，也是一种需要学习且能够学会的能力。

3. 当事人画像

作为职场打工人，要说不焦虑几乎是不可能的，不过大多数人都有自己的调节方式，可以把焦虑控制在合理的范围内，以保持正常的生活和工作。但仍然有一部分人，饱受焦虑情绪的困扰，小刚就是其中的一个。容易焦虑失控的个体有以下几类人：

● 工作狂：“工作狂”通常表现出极高的工作投入，他们可能将工作视为生活的重中之重。他们往往经常加班工作，对自己的职业表现要求极高，希望取得卓越的成绩。然而，这种工作压力和自我要求可能导致长期的焦虑情绪。在心理学上，这种类型的焦虑可能与完美主义和工作瘾的特质有关。他们总是在寻求他人的认可，当工作不如预期时会感到失望和焦虑。为了减轻焦虑，这些个体需要学会更好地平衡工作与生活，以及接受心理咨询或治疗以处理与焦虑有关的问题。

● 社交焦虑者：社交焦虑者在社交场合中可能经历强烈的不安和紧张。这类个体可能担心自己的社交表现，担心被他人评价或批评。他们往往害怕与陌生人交流、在公共场合演讲、与同事和上司互动。社交压力会导致他们回避社交活动，避免与他人互动，这会影响他们的职业和社交生活。社交焦虑可能与个体的性格特质、自尊心以及过去的社交经历有关。治疗社交焦虑的方法通常包括认知行为疗法（CBT）、暴露疗法和社交技能训练。这些方法能够帮助个体减轻焦虑，提高自信，改善社交能力，从而更好地应对社交压力。

● 职业不安定者：职业不安定者可能在职业生涯中面临频繁的工作变动和不确定性。这些个体可能经历失业、裁员、职业转换等情况，这些职业不安定因素会导致焦虑情绪的产生。他们更多地担心失去工作、找不到新的职位或无法满足家庭的经济需求。职业不安定引发的职业身份危机，使他们感到不安、自卑和焦虑。处理职业不安定焦虑通常需要职业规划、职业咨询以及情感支持。个体可以通过规划职业目标、提升技能、建立职业网络以应对不确定性，同时也需要情感支持来处理焦虑和情感困扰。

● 应届毕业生：他们通常面临初入职场的挑战和不确定性，比如担心找不到理想的工作，或者进入职场后的适应问题。这种职业不确定性会导致焦虑情绪的产生。应届毕业生需要职业辅导、职业规划以及心理支持，以帮助他们更好地应对职业不确定性和焦虑情绪。

● 自我要求过高者：自我要求过高的人为自己设定了极高的标准和期望，他们追求完美和卓越。这种自我要求会导致焦虑情绪的产生，因为他们害怕不能达到自己的标准。就像小刚，他对自己的要求很高，读书成绩要好，大学要读最理想的专业，工作要高薪才有面子。小刚在经历这次焦虑之前，凡事求上进，给自己制定KPI，高标准严要求，但也似乎都顺风顺水，看来只有“高”才能让别人看得起他，被别人认可。眼下，因为达不到自己预定的目标，他的焦虑就来了，并且一发不可收拾，进入了恶性循环。

● 独自承担家庭压力：一些焦虑的打工人可能面临来自家庭环境的不稳定或压力。家庭问题如父母离异、家境贫困、家庭成员健康问题等都可能成为个体焦虑的来源。在小刚的案例中，妻子主内他主外，家庭中所有的经济压力全都压在他身上。在岁月静好时没有问题，但在外界经济环境出现变化时就容易引发蝴蝶效应。处理家庭压力导致的焦虑通常需要家庭治疗、家庭支持以及情感应对策略，帮助个体处理家庭问题，减轻焦虑情绪。

● 工作–家庭冲突的个体：工作与家庭之间的失衡可能成为焦虑的来源。一些个体可能感到工作与家庭责任之间的冲突，难以在两者之间取得平衡。处理工作–家庭冲突引发的焦虑通常需要家庭支持、时间管理技能以及心理咨询，以帮助个体更好地平衡工作与家庭责任，减轻焦虑情绪。

4. 预防或调节方式

在快节奏的职场生活中，焦虑情绪是许多职场人士都面临的挑战。长期的焦虑不仅会影响工作效率，还会对身心健康造成不良影响。因此，学习如何松弛是非常重要的。

我们先要有自我觉察，需要会识别自己焦虑的症状，如紧张、烦躁、不安、注意力难以集中等。当这些症状出现时，要意识到自己可能正在经历焦虑。然后可以尝试练习以下几个技巧。

★ 学会自我接纳

允许、接受、包容自己的缺点和不足，带着宽容的心态面对自己。多给自己找找理由，如“偶尔犯错，可能只是因为初出茅庐；表现得不够优异，可能不是能力不够，只是当天状态不佳”。不要陷入与他人比较的思维中，眼中只有他人的优点和自己的不足。每天可以跟自己说三次：“我接纳自己所有的想法和情绪，这就是我本来的样子。”

★ 懂得放手

已经发生的事情，不能改变的结果，放手是积极的选择，不要选择无谓的内耗。“一条路，走不通，就转弯；一段感情，留不住，就随缘；一件事，想不通，就忘记。”与其处处较劲纠缠，不如放过自己，看开看淡。

★ 接受意外

允许生活带给我们不同的体验味道，允许一切发生，不要试图控制走向，试着把意外视为新鲜感，让自己有机会探索不同的世界。

★ 在乎自己

保持规律的生活节奏和良好的心态，注意力放在自己身上，不被他人的节奏带偏。对自己好一点，多爱惜自己一点，每天留点时间做自己真正喜欢的事情。

★ 关注过程

将心思和精力放在事情上，去关注“我能做些什么”，而不是“做不好就完蛋了”，享受过程，而不只看结果。失败了就告诉自己“没什么大不了的”，“下次会更好”。

★ 身体松弛

在忙碌的生活中，给自己留出一些时间放松和休息，深呼吸、冥想或者运动等，都是很好的方式。远离外界的干扰和压力，专注于自己的身体，降低紧张程度，然后逐渐放松下来，用心去感受身体松弛感的存在。在身体获得松弛感之后，逐渐找寻那消失已久的精神松弛感。

★ 顺其自然

不能因为要获得松弛感而产生新的焦虑和压力。松弛感不需要刻意地追求和营造，不是人人都能拥有松弛感，顺其自然就好。

给打工人的缓解焦虑小妙招

- 感到自己精神内核充斥着焦虑时，先离开让你焦虑的环境或人，暂停让你焦虑的活动。
- 安静下来，放空大脑，暂停思考。
- 配合一定的呼吸，闭上眼睛吸气 3 秒再呼气，反复做 5 遍。
- 如果焦虑值还是很高，那就让身体动起来，可以做稍微剧烈一点的运动，例如跑步、动感单车、拳击等。
- 让自己去看一场轻松一点的电影，喜剧最好。
- 找个好朋友陪伴也是不错的选择，允许自己像祥林嫂一样吐槽，可以说很多很多遍。

不发疯，就发病

一、心理案例

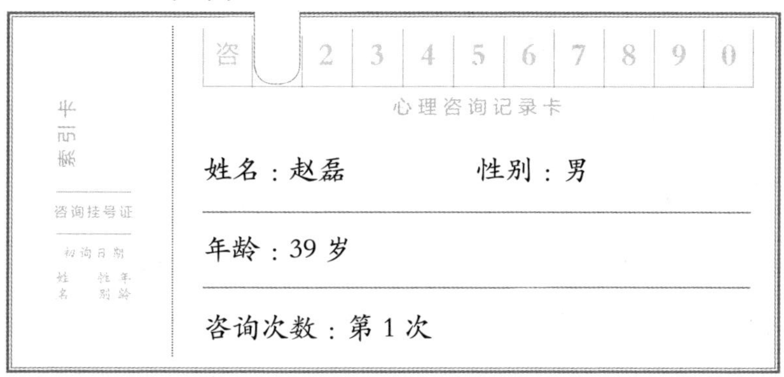
索引卡

咨询挂号证

初询日期

姓名 性别 年龄

咨 2 3 4 5 6 7 8 9 0

心理咨询记录卡

姓名：赵磊　　性别：男

年龄：39岁

咨询次数：第1次

来访者主诉

赵磊近两个月来持续出现了严重的身体不适症状，主要包括失眠、胸闷心慌、肠胃不适、腰背疼痛等。为了查明病因，他先后前往多家三甲医院和专科医院进行全面躯体检查，项目包括：心电图、血常规、生化检查、胸部X片检查等，检查结果均显示无严重器质性疾病。综合医院医生怀疑赵磊的症状与心理因素有关，建议他转诊到心理科。其症状表现包括：

★ 睡眠问题：入睡困难，常常1～2个小时才能睡着，并因躯体疼痛出现易醒、睡眠质量不高等情况。

★ 情绪焦虑：紧张焦虑，常因日常小事多思多虑，严重时引起心动过速、呼吸急促等现象。

重要成长经历或生活事件

赵磊从小品学兼优，母亲是小学老师，父亲从事机械设计工作。父母对他的学业要求较高，生活上也管得严格，比如每天必须按时作息，不然会受到惩罚。赵磊从小到大基本都是学校的全勤学生，只有生病或者身体很不舒服时父母才允许他请假休息。他目前从事法律相关工作，工作中对自己和他人的要求都比较高。自述有完美主义的性格，对他人的评价比较敏感，特别希望得到领导和合作方的认可，如果听到负面的评价就会非常焦虑、烦躁。

赵磊已婚，育有一女，和父母一起居住。今年下半年女儿面临小升初，他和妻子一直在为女儿进入理想的中学而奔波，但把握仍然不大。夫妻俩也因此经常争吵，妻子总抱怨他在家庭和孩子身上投入的时间太少。近期赵磊负责的两个重要的工作项目遇到了意料外的困难，可能无法按时完成，领导因此在部门会议上点名要求他尽快解决。虽然他已经找到了解决方案，但仍然不能按照原计划完成，并且还需加班投入大量时间。一周前赵母痛风发作，就医服药后病情缓解有限，目前只能卧床休息。

关键对话摘要

治疗师：听您刚才说的情况，好像是迫不得已才来做心理咨询的。

赵磊：是的！我明明是身体不舒服，觉得肯定是最近太累生了什么毛病，都做好准备吃药打针了。没想到医生居然说我是心理的问题，想不通！

治疗师：嗯，有身体不舒服，但去做检查指标却都正常。您觉得这是为什么？

赵磊：我不知道。上次那个内科医生说我这种情况一般是心理压力引起的，也有可能吧，最近我遇到的烦心事蛮多的，的确有些压力。

治疗师：您遇到了很多烦心事，能具体讲讲吗？

赵磊：唉！这段时间我负责的两个重要的案子就要结案了，要办各种手续特别忙，又赶上女儿小升初，我老婆就觉得我不管孩子天天跟我吵，这几天我母亲痛风又犯了……唉！反正一大堆麻烦事。这个节骨眼上我自己偏偏又生了怪病，查也查不出来，真是急死人！

治疗师：我非常理解您的处境。工作和家庭的压力确实会让人感到疲惫和焦虑，您不仅要做好项目还要忙孩子的事情，夫妻关系也受到了影响。生活好像一地鸡毛，内心一定很煎熬吧？

赵磊：是啊，真是一地鸡毛！我总觉得很紧张，老担心工作做不好，也担心女儿不能去好学校、家人的生活不好……每天晚上躺在床上脑子里就乱糟糟的，各种各样的担心，根本睡不着。这样下去我觉得自己要崩溃了。

治疗师：太不容易了！感觉你身上压着很多担子，虽然自己已经很不舒服了但还是要苦苦支撑着。也许你需要停下来休息一下。

赵磊：唉，这么多事情我怎么可能有空休息！在工作上，一直以来我都是大家公认的榜样，以前工作上也遇到各种问题，我坚持一下都能想办法解决，没想到这次这么麻烦。

治疗师：看来你遇到压力的时候都是迎难而上，硬扛过去。

赵磊：是啊，不然还能怎么样？

治疗师：不能给自己减减压吗？发泄一下，比如放松一下，缓一缓再处理问题，或者找个人聊聊吐吐槽，让心里好过一点之类的。

赵磊：没有，我总是想着先解决问题，没想过压力大不大。

你这样说我好像有点明白了，可能最近这些事情的压力太大，有点超出我的承受范围，所以我身体也出问题了。

治疗师：是的，压力会影响我们的情绪和身体健康，人在碰到很大压力的时候身体往往出现各种不舒服，心理原因和压力事件是导致您身体出现各种不适的重要原因。您这个病呀不是“怪病”，而是心身疾病。这也是一个预警信号，提醒你该好好关心自己了！

赵磊：心身疾病？！我还是第一次听到，那我该怎么办呢？

评估

因压力事件引起的心身疾病，伴睡眠问题和焦虑情绪。

治疗师：黎医生

2023年12月

二、掌握心理关键词

心身疾病 | 黏黏糊糊纠缠不清

1. 关键词描述

心身疾病，又称“心理生理疾病”，是指心理-社会因素在疾病的发生和发展中起着主导作用的一类躯体疾病。简单来说，我们所处的社会环境、日常生活中的琐事以及各种突发事件，都会给我们的内心带来压力和冲突。当这些压力无法得到缓解时，我们的身体就会以生病的方式发出抗议。

可以将自己想象成一个高压锅，在正常情况下，它能够维持内部和外部的压力平衡。然而，当特殊情况出现时，比如增加了额外的压力，锅内的蒸汽就会寻找最薄弱的部位释放，导致高压锅爆炸。同样地，压力越大，爆炸的威力和造成的破坏就越严重。

以赵磊为例，项目验收和女儿升学就如同给他的“高压锅”施加了巨大的压力，内心的担忧、焦虑等负面情绪就像蒸汽一样不断积聚。当这些“情绪蒸汽”被压抑在心中无法释放时，它们就会在身体上寻找释放的出口。于是，一系列的躯体症状就随之出现。赵磊可能会觉得这些病来得莫名其妙，但实际上，他的身体正在发出抗议：“我无法承受了，需要支持！我太累了，需要休息！”

总的来说，心身疾病是身体对心理压力的一种反应。理解这种关系对于预防和治疗心身疾病至关重要。通过有效的应对策略，如心理调适、压力管理和寻求适当的支持，我们可以减轻心理压力对身体的影响，促进身心健康。

常见的心身疾病有哪些?

相关调查数据显示36%至60%的人曾经经历过心身疾病的困扰，这揭示了心身疾病在人群中的普遍性和影响力。在另一项统计中，研究人员发现：在我国的综合性医院内科门诊中，有超过三分之一的就诊者存在与心理因素密切相关的躯体疾病。心身疾病的症状可能涉及多个身体系统，常见的心身疾病包括：

- 心血管疾病：高血压、冠心病、心律失常等。
- 消化系统疾病：消化性溃疡、肠易激综合征、功能性消化不良等。
- 免疫系统疾病：类风湿关节炎、系统性红斑狼疮等。
- 呼吸系统疾病：哮喘、慢性阻塞性肺疾病等。
- 神经系统疾病：偏头痛、紧张性头痛、神经衰弱等。
- 皮肤疾病：湿疹、银屑病、荨麻疹等。
- 内分泌系统疾病：糖尿病、甲状腺功能亢进或减退等。
- 肌肉骨骼系统疾病：颈椎病、腰椎间盘突出症、纤维肌痛等。

这些只是常见的心身疾病的例子，实际上还有很多其他疾病也与心理因素密切相关。赵磊所表现出的胸闷、胃痛等，就是和心血管系统、呼吸系统和消化系统相关的心身疾病症状。而我国中医理论中也有对心身疾病的系统化论述和分类，如《黄帝内经》中就提出“怒伤肝，喜伤心，悲伤肺，思伤脾，恐伤肾”等，同样表明人的内心情绪与身体健康息息相关。

2. 心理学解读

既然心身疾病如此常见，那么我们在身体不适时如何判断自己是不是患上了心身疾病呢？这就要了解哪些因素容易导致心身疾病的发生。

● 心理因素：心理因素是引起心身疾病的关键内因，其中情绪和个性特征起着重要作用。长期而持续的负面情绪，如焦虑、愤怒、抑郁、恐慌等，可能导致心身疾病的发生。大量研究数据表明，抑郁症患者患心血管疾病的风险比一般人高2 ~ 3倍，说明了情绪对身体健康的潜在影响。

● 生活应激事件：个体在生活中可能会遭遇重大的应激事件，这些事件会对心理状态产生冲击，并可能引发躯体不适。例如，离婚、丧失亲人、工作变动、突发灾难等都属于生活应激事件。它们可能导致生活方式和行为的改变，要求个体进行适应和应对。在某些情况下，这些事件可能成为心身疾病的触发器。

● 社会-文化因素：社会和文化背景也会对心身疾病的发生产生影响。不同的时代和文化背景会给人们留下独特的心理烙印和躯体影响。有研究发现，在某些文化中，对压力的认知和应对方式与心身疾病的发生存在关联。比如在很多文化中，饮酒被视为减轻压力的方法，我国自古就有“一醉解千愁”的名句。但一项调查显示：在有饮酒习惯的男性中，酒精摄入与61种疾病呈正相关，其中28种被世界卫生组织认为是与酒精有关的疾病，包括结核病、6种特定部位的癌症、糖尿病、癫痫、几种高血压疾病和脑血管疾病等，总体患病风险增加22%。此外，种族、社会经济地位、职业压力等因素也可能与特定疾病的发生相关。

● 生物遗传因素：先天遗传因素是心身疾病的致病原因之一。个体的特定身体素质和躯体状况可能为心身疾病的滋生提供了土壤。例如，某些基因突变可能与某些精神疾病的发生存在相关性，这表明遗传因素在其中起到一定作用。

其实，正如图3-1所示，心身疾病的致病因素错综复杂，它往往是多种因素相互交织、共同作用的结果。

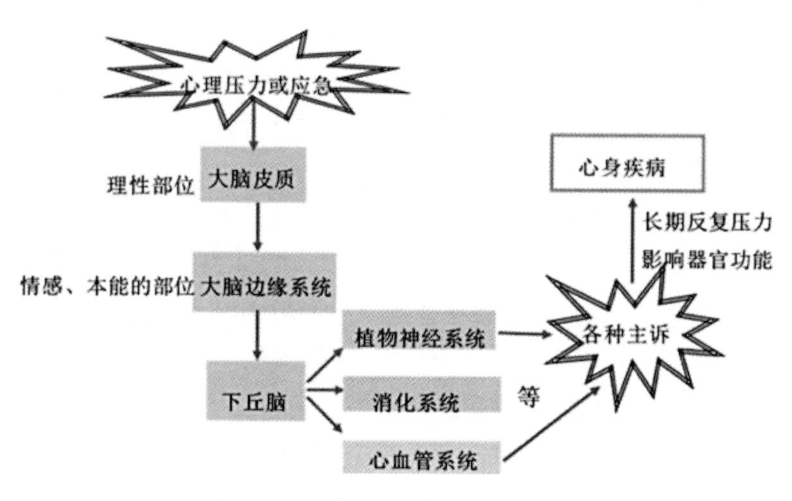

图3-1　心身疾病致病因素及作用图

心身疾病vs常见躯体疾病

心身疾病和常见的躯体疾病（非严重疾病）有什么区别呢？表3-1可以帮助你更好区分：

表3-1　心身疾病与一般躯体疾病对照表

对比项	心身疾病	一般躯体疾病（非严重疾病）
病因	心理-社会因素起重要作用	主要由生物学因素导致
症状表现	除身体不适外，常伴有情绪和心理症状	主要表现为与特定器官或系统相关的症状
诊断方法	综合考虑生理和心理因素	侧重生理指标和医学检查
治疗方法	综合治疗，包括心理治疗、药物治疗和生活方式调整等	主要依赖药物治疗、手术治疗或其他医学干预
病程特点	病程较长，易反复	如非重大疾病或慢性病，病程相对较短，愈后不易复发
预防措施	强调心理健康维护、压力管理和良好的生活方式	注重预防感染、保持健康生活习惯
康复过程	康复需要综合考虑身心两方面	康复主要侧重身体功能的恢复

以上只是一个概括性对比，生活中每种疾病都有其独特的特点，实际情况更复杂。对于具体的疾病诊断和治疗，应到专业的医疗机构，请医师根据个人状况进行综合评估。保持良好的心理和身体健康对于预防和应对各种疾病也非常重要。

3. 当事人画像

容易患心身疾病的人可能具备一些特别的性格特点。他们可能是超级敏感的“小刺猬”，对压力和情绪的变化非常敏感，工作中的小挫折或者生活中的人际小矛盾等就能让他们“炸毛”。他们还可能会是完美主义者，对自己和周围的世界都有很高的要求。

同时这些朋友也常会陷入一些典型的错误认知模式，比如习惯选择性关注负面的信息：面对一个工作任务，总是看到困难和消极的一面，因此对自己缺乏信心或对未来过度担忧。他们可能会在心里不断地想：“万一我失败了怎么办？”“别人会怎么看我？”这种思维模式就像一个永远停不下来的“小转轮”，让他们的心情也跟着起起落落。

容易患心身疾病的人还往往有一些不太健康的习惯，比如过度工作、饮食不规律、缺乏运动等。他们可能会说“我要工作到凌晨，不然项目做不完”或者“我没时间锻炼，太忙了”。这些不健康的行为习惯不仅影响身体健康，还会导致情绪过度压抑或波动，慢慢地成为隐形的“健康杀手”。

4. 预防或调节方式

★心身疾病的预防

预防心身疾病要从保持良好的生活习惯开始。营养的饮食、充足的睡眠、适度的运动是我们日常生活中的“健康三宝”，可以帮助我们保持良好的身心运行状态。同时，保持心理健康对于预防心身疾病也至关重要。我们需要随时了解自身心理状态，学会情绪调节和管理。日常生活中，还要留意自己的情绪和身体的相互影响模式和反应规律。当长期受负面情绪困扰，影响到生活和工作时，应主动调节情绪。

可能有朋友会苦恼：身体有恙时会有很多征兆和症状，很好发现，但心理健康，我自己怎么检测呢？又怎么观察情绪与身体的相互影响呢？其实，你可以通过自我情绪检测和情绪日记来实现！情绪检测就像是给心灵做一次“体检”，我们可以通过观察自己的情绪变化来了解心理状态。比如，你是否经常感到焦虑、抑郁或者压力过大？这可能是心身疾病的早期信号！就像天气预报一样，及时发现情绪的“暴风雨”，我们就能采取措施应对。而通过每天记录情绪，你可以逐渐发现自己的情绪模式和触发因素，从而更好地管理和调节自己的情绪。例如，如果你发现每周一早上的工作压力总是让你感到焦虑，就可以提前做好准备，采取一些应对策略，如提前规划一周的工作、与同事沟通合作等。

情绪日记

情绪日记是一个非常有用的工具，可以帮助你更好地了解自己的情绪和需求，提升情绪管理能力，还可以让你清楚地了解到自身的情绪和身体相互作用的反应模式，帮助你更好地预防心身疾病。

表 3-2　情绪日记记录表

日期	时间	情绪描述	触发事件	身体感觉	应对策略
2024/03/01	上午	焦虑	工作压力大，有很多任务要完成	心跳加快，手心出汗	深呼吸，制定任务清单，合理安排时间

您可以参考表格3-2的记录项目，创作自己的情绪日记。记得保持记录的连贯性，这样你就可以观察到自己情绪的变化趋势，并找到适合自己的应对方法啦！

★ 心身疾病的治疗

如果怀疑自己患心身疾病，应及时到精神专科医院或综合医院的心理科就诊。医生通常会采取心理治疗与躯体治疗相结合的方法，综合运用药物和支持性心理治疗等手段进行干预。药物能迅速缓解情绪问题和躯体不适，心理治疗则帮助患者探讨躯体疾病的心理原因，改变负性认知和行为，更有效地治疗心身疾病。

就像前文中的赵磊，在寻求专业帮助后就得到了很好的治疗并逐渐康复。在咨询中，心理治疗师评估了他的心理状态，并联合精神科医师根据评估结果制定了合适的治疗计划。对于像赵磊这样罹患心身疾病的人来说，理解并处理负性生活事件是恢复身心健康的关键。而心理治疗不仅能帮助我们应对压力、管理情绪，也可以帮助我们找到有效应对负性生活事件的策略，缓解身体不适症状，提升整体生活质量。药物治疗则可以用于缓解焦虑、失眠等症状。还应注意的是，心理医生还建议赵磊采取一些自我保健措施，如保持健康的生活方式、进行适度的运动、练习放松技巧以及寻求社交支持等。因此，家人和朋友的支持在康复过程中也非常重要，有助于提高心理韧性和应对能力。

然而，由于对心身疾病的认识不足和就医习惯，90%的患者会根据自己的身体症状选择到消化科、呼吸科、心血管科等专科就诊，较少考虑精神心理科。患者往往只描述身体症状，忽略情绪问题和心理压力，导致很多心身疾病难以发现和正确诊断，有时即使能发现身体上的问题，但治疗效果不佳，往往迁延不愈。即便医生建议转诊到精神心理科，患者也可能因为不理解而拒绝，从而延误治疗。

身心健康就像是我们身上的一对翅膀，只有两只翅膀都健康有力，我们才能飞得更高更远。因此了解心身疾病知识，增强防病意识非常重要。请记住：身体和心灵紧密相连，相互影响。倾听它们的需求，悉心呵护，才能保持身心健康和谐！

你有多久没和朋友吐露心事了？你有多久没和家人敞开心扉了？在大人的世界待久了，我们似乎早已习惯了戴着面具，用微笑和礼貌扮演“懂事”的成年人。有时，明明很想发泄倾诉，但一想到遇事要坚强、不能给别人添麻烦，便硬生生把情绪给憋了回去。其实，憋回去的情绪并不会消失不见，也不会让我们变强，情绪的“黑水”在体内不断累积，终有一天会形成洪流，冲破心理堤坝，将我们淹没。

尼采说，那些杀不死我的，会使我更强大。但前提是要拥有对抗的力量和武器。本篇就将探讨如何拥有对抗的力量和武器，让我们在遇到心理困境时能更从容地应对。这个力量可以来自你的爱人、亲人、朋友、组织，也可以来自你自己。要记住，我们不是超人，我们可以脆弱，我们也不用独自面对人生，我们都值得被爱。

第四篇

坐在
自己身边

勇敢一点，试着打开自己

一、心理案例

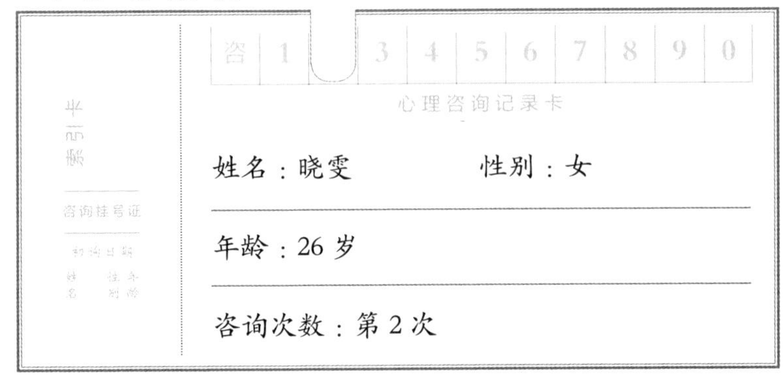

心理咨询记录卡

姓名：晓雯　　性别：女

年龄：26 岁

咨询次数：第 2 次

来访者主诉

晓雯毕业于国内知名985大学，目前在某一线城市的一家上市公司总部担任办公室文员。工作一年多以来，她工作态度极其认真，总是默默地完成领导给予的每一项任务。然而，尽管她如此努力，却因为性格内向，不善言辞，始终没有在公司里交到什么朋友，存在感也一直很低。她每天早早地来到办公室，整理文件、书写资料、回复邮件，工作繁忙而有序。但当同事们聚在一起聊天时，她总是静静地坐在一旁，很少发表意见。午饭时间，她总是独自一人吃饭。看着其他同事三三两两地聚在一起，有说有笑，尽管她很想加入，却不知道该说些什么，该如何融入其中。这让她感到很失落，也很孤独。

去年，晓雯有一次发高烧到39度，头痛得厉害。她请假后一个人躺在出租屋里，也不想告诉家人自己的病情，她觉得家人离得这么远，告知只会给家人增加烦恼。她很想去医院看病，却发现竟然找不到一个能陪自己看病的人。一个人在陌生的城市里，身边既没有亲人，也没有朋友照顾。那天晚上她想喝水，因为太虚弱险些一头栽倒在地。那一刻，她感到前所未有的无助和绝望。这种强烈的孤独感和无助感令她感到深深的恐惧。身体恢复上班后，晓雯感觉自己在公司里的存在感越来越低。她开始怀疑自己是否适合这份工作，是否能够在这个陌生的城市里继续生存下去。

经历这一系列事件之后，晓雯陆续出现以下症状：

★情绪低落：情绪持续低落一月余，找不到快乐的感觉；易出现自责及内疚情绪。

★沉默少语：原本不善言辞的她更不喜欢和人交流了，存在感日渐降低。

★认知改变：注意力下降，工作时常犯错，开始怀疑自己的工作能力。

重要成长经历或生活事件

晓雯出生于一个三线小城市，自小聪明过人，有着超强的学习能力，加上勤奋刻苦，成绩一直名列前茅。她通过自身的努力考上了一所985大学的研究生，并在毕业后成功在一线城市获得了一份薪水丰厚的工作。

在成长过程中，晓雯一直是一个内向、文静的女孩。她不太善于表达自己的情感和意见。这种性格使她在人际交往中显得有些被动和羞涩。她害怕处理复杂的人际关系，也不太愿意与他人发生冲突。

在新的城市生活期间，晓雯面临巨大的工作压力和生活挑战。为了节约开支，她把房子租在郊区，每天早出晚归。尽管工作努力，但由于不擅长交际，她在公司中并不引人注目。她很少主动与同事交流，也未能在新入职的员工中建立起良好的人际关系。她没有什么朋友，亲戚也都不在身边，遇到任何困难和问题，为了不给他人添麻烦，她都选择一个人面对。

关键对话摘要

治疗师：晓雯，你当初为什么选择留在大城市呢？

晓雯：从小我的长辈们就说我很优秀，我父母也总是对我说：

好好读书，以后去北京上海工作。所以渐渐地，我也这样想，希望能够在大城市找到自己的定位和发展机会，实现自己的梦想。

治疗师：现在你实现了自己的想法，但好像也遇到了一些困难。

晓雯：是的，一个人背井离乡蛮辛苦的。特别是上次我生病的时候，没人照顾，我感到孤独和无助，不知道该怎么办，有时觉得还不如回家乡去。

治疗师：我能体会到你的辛苦和孤单，心情不好的时候你尝试过和朋友或同事交流吗？

晓雯：试过，我的同学大多在老家，这里的朋友很少，平时也各忙各的，没时间见面。同事们关系也不是很近，工作上相处没什么问题，但总是觉得很难融入他们。

治疗师：你已经工作了一年多，你觉得是什么原因导致你无法融入他们？

晓雯：可能是我自己的性格问题吧，我不太擅长与人交往。有时候看到几个同事闲聊，我也很想加入，但不知道该怎么做。

治疗师：你刚才说“有时觉得不如回家乡”，是真的想回到家乡发展吗？为什么觉得回去会更好？

晓雯：其实真的想过，老家有很多亲戚朋友，找个稳定的工作过过小日子应该没什么问题。但总觉得回去的话，这么多年的努力就白费了。

治疗师：是的，可能人生就是这样，没有完美的选择，最重要的是你要找到适合自己的生活方式。你可以考虑一下自己的内心需求和目标，看看哪个选择更符合你的长远规划。

心理评估

可初步评估她的心理状态为内向、敏感、多疑、缺乏安全感。在人际交往中表现出明显的社交焦虑和过强的自我保护意识，难以建立起新的人际支持系统。同时，面临经济压力、孤独和缺乏支持的问题。

治疗师：程医生

2019年12月

二、掌握心理关键词

人际支持系统 | 你的超级能量源！

1. 关键词描述

在这个快速发展的社会中，人际支持系统已经成为我们生活中不可或缺的一部分。在面临一项艰巨的任务时，如果朋友们能提供帮助，那么我们的信心和力量都会倍增。这就是人际支持系统的魔力所在，它是我们前进路上的超级能量源！

在当下越来越“卷”的忙碌生活中，也许只是一个温暖的拥抱，就能给予我们力量和安慰。而这个温暖的拥抱，其实就是我们的人际支持系统。它就像是一个随时待命的避风港，无论何时何地，都能给予我们最及时的关怀与支持。

人际支持系统其实并不复杂，简单来说，就是我们的人际关系网。这个网络包括家人、朋友、同事……每一个人都能在不同程度上为我们提供情感、物质、信息或陪伴上的支持。在心理学和社会学的研究中，人际支持系统都是一个重要的理论概念，它指的是个体在人际关系中获得的情感、物质、信息和陪伴等方面的支持和帮助。这个理论认为，人际支持系统对个体的心理健康和幸福感有着至关重要的影响。当我们遇到困难时，人际支持系统就像是一盏明灯，指引我们走出困境；当我们感到失落时，它是一首温暖的歌曲，安抚我们的心灵；当我们需要帮助时，它是一个有力的援手，协助我们渡过难关。然而，人际支持系统并不只在我们需要时才发挥作用。事实上，每一次的关心、问候、分享和陪伴，都在无形中增强着这个系统，就像种下一颗种子，只有不断地浇水、施肥，它才能茁壮成长。

2. 心理学解读

人际支持系统，看似是个简单的概念，实则蕴含了生活的智慧和人生的情感寄托。它不仅仅是我们日常的社交网络，更是我们情感的交互平台，心灵的港湾。在快节奏的现代生活中，人际关系的健康与否直接影响着我们的心理状态。

美国心理学家尤里·布朗芬布伦纳提出了一种关于人发展的生态系统理论，即如图4-1所示的一系列嵌套环境结构。

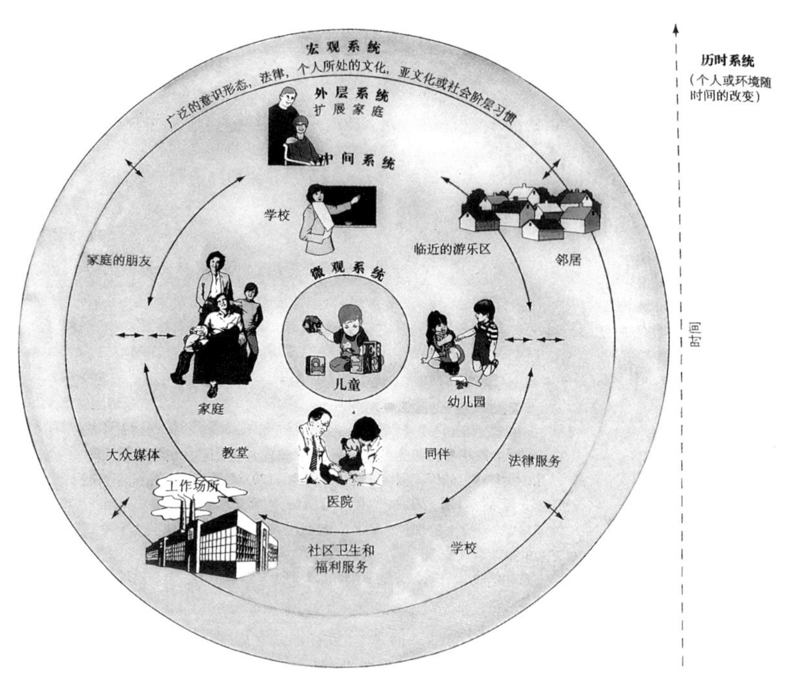

*此图中文版出处：《发展心理学——儿童与青少年（第八版）》，David R. Shaffer & Katherine Kipp著，邹泓等译，中国轻工业出版社，2009年。

图 4-1　布朗芬布伦纳发展生态环境结构图

- 微观系统（microsystem）：个体实际参与的直接环境（包括角色关系和活动），是布朗芬布伦纳环境系统结构的最里层。
- 中间系统（mesosystem）：个体的直接环境或微环境之间的相互关系，是布朗芬布伦纳环境系统结构的第二个层次。
- 外层系统（exosystem）：儿童和青少年并未直接参与但却影响个体发展的社会系统，是布朗芬布伦纳环境系统结构的第三个层次。
- 宏观系统（macrosystem）：个体发展所处的大的文化或亚文化环境，是布朗芬布伦纳环境系统结构的最外层。

而当我们要去适应这个错综复杂的生态环境时，拥有强大的人际支持系统就显得尤为重要。

首先，人际支持可以帮助我们缓解压力。在我们面临困难、压力或挑战时，通过向亲密的家人、恋人和朋友等进行倾诉和分享可以有效减轻精神压力，让我们感到安心和宽慰。他们的理解和鼓励，能让我们重新获得前进的力量。

其次，一个良好的人际支持系统能够增强个体的自我价值和认同感。在与人交往的过程中，我们会不断审视自己，认识到自己的优点和不足。而这种自我认知的过程也是自我成长和发展的过程。通过他人的反馈和评价，我们能够逐渐明确自己的定位和价值，找到自己在社会中的位置，从而提升自尊和自信。

最后，人际关系网越广泛，就意味着当我们遇到问题时能得到越多积极的建议和指导。在人际支持系统中，我们可以获得他人的宝贵意见和建议，甚至是一些成功的经验。对于身处困境的我们来说，一份详细的“攻略”无疑将有助于解决问题和应对挑战。

科学研究显示，孤独感和社交隔离与一些心理健康问题之间存在显著的相关性。晓雯在生病期间因无人照顾而产生的强烈孤独感就源于她在新城市中人际支持系统的缺失。长期缺乏与他人的情感联系和社交互动会使个体更容易陷入消极的情绪状态中无法自拔。这种持续的心理压力和焦虑可能会导致抑郁、自卑、焦虑等心理问题。相反，和谐的人际关系能对身体健康产生积极的影响。社交互动能够释放压力、缓解焦虑和抑郁等负面情绪状态。这种来自社交的情绪调节不仅有助于改善我们的心理健康状况，还能够降低各种身体疾病的发病风险。例如，高血压、消化不良等常见疾病就与长期的压力和负面情绪有关。

人际支持系统对心理健康的影响是深远的。它不仅为我们提供情感支持和实质性帮助，还与我们的心理状态、自我认同、自我价值感、压力缓解等方面紧密相关。为了维护自身的心理健康，我们应当重视人际支持系统的建设与维护。通过建立健康的人际关系、积极参与社交活动、寻求支持和帮助等途径，为自己创造更美好的生活。同时，我们也应该学会珍惜他人对我们的支持和关心，因为正是这些支持和关心共同构筑了我们内心世界的温暖与美好。

3. 当事人画像

哪些人格特点不利于建立良好的人际支持系统？

● 缺乏自信：自信的人在人际交往中往往能够更加自如地表达自己的想法和意见，因为他们对自身的价值和能力有着积极的认知。相反，缺乏自信的人，在人际交往中则显得拘谨而谨慎。他们害怕被他人拒绝或批评，因此常常将自己的想法和意见隐藏在心底，不敢轻易表达。这种行为模式让他们在人际关系中显得被动，难以展现自己的独特之处。他们可能会错过很多展示自己的机会，从而无法树立起自己的形象。而这种不敢表达又进一步加剧了他们的不自信，进而陷入一种恶性循环，使其在人际交往中更加被动。

● 自我中心：以自我为中心的人往往只关注自己的需求和想法，而忽视了他人的感受和需要。他们的注意力和关注点主要集中在个人的需求、欲望和想法上。这种过度聚焦于自我的行为模式，常常使他们忽视或低估了他人情感的重要性，从而难以在人际交往中展现出应有的关怀和理解。以自我为中心的人在与他人交流时，往往倾向于将对话视为一种表达自我观点和需求的机会，而不是倾听和理解他人的平台。因此，他们常常无法与他人建立起真正的情感连接，缺乏对他人的关注和理解。长此以往，会让身边人感到他的冷漠和自私，进而影响他们的人际关系。

● 情绪不稳定：情绪不稳定的人容易受到情绪的影响，表现出极端的情绪反应，如突然的情绪低落、愤怒或焦虑等。他们的情绪波动好似在波涛汹涌的大海中航行的一叶扁舟。风平浪静时，他们可能显得轻松愉悦，与周围的人和谐共处，分享着生活中的点滴美好。然而，一旦风起云涌，情绪的浪潮便会无情地袭来，将他们卷入其中。在这股浪潮的裹挟下，他们可能会突然陷入深深的悲伤之中，或是变得冲动和暴躁，对未来感到担忧和不安。这种情绪化的表现会使他们在人际关系中显得不可预测和难以相处，影响他人对其的信任和亲近感。

● 缺乏耐心：缺乏耐心的人在交流中往往展现出一种急迫和焦躁的态度，他们急于表达自己的观点和想法，却往往忽视了倾听他人的声音和感受。他们可能会在他人发言时打断对方，或通过肢体语言、面部表情或语气等方式传达出不耐烦，这种态度会让对方感到被冒犯和不舒服。在这种氛围下，对方可能会感到压力增加，难以自由表达自己的观点和感受，从而加剧沟通的困难。缺乏耐心的人会让他人感到不友好和不被重视，进而影响人际关系。

● 缺乏热情：缺乏热情的人往往会对生活和人际交往缺乏兴趣和热情，导致他们在人际关系中显得不可接近。他们不善于主动与人交流，对建立和维持关系都缺乏动力，难以投入足够的热情和关注。由于他们对人际交往缺乏主动性和积极性，就往往难以在团队或集体中发挥作用。他们可能不愿意参与团队活动，不愿意为团队做出贡献，也不愿意接受他人的帮助和支持。这种态度不仅影响了团队的整体氛围和效率，也让他们自己在团队中显得格格不入。

4. 预防或调整方式

在职场中，人际支持系统的重要性不言而喻。一个健康、积极的人际支持系统能够为我们带来多方面的益处，如提升工作效率、促进个人成长、维护身心健康、拓展社会资源、增强组织凝聚力等。我们应该重视并努力建立良好的人际交往关系，以更好地应对职场挑战，实现个人和组织的共同发展。

★用“关心”魔法，让同事关系更上一层楼

在职场的日常运作中，每一份微小的关心都可能成为推动人际关系的强大魔法。你的关注和关心，如同神奇的咒语，能够瞬间点亮他人心灵的火花，进而提升同事之间的关系。

具体来说，你可以主动去了解同事们的日常工作和生活，给予他们真诚的关心和问候。当他们遇到困难时，积极伸出援手，提供必要的支持和帮助。在团队中，关注成员的进展和困难，鼓励他们发挥自己的优势，共同解决问题。通过这些行动，你可以建立起深厚的同事友谊，使彼此在工作中的配合更加默契和愉快。

然而，关心的魔法并不是万能的。你需要注意关心的表达方式和语气，避免过于热情或过度干涉他人，以免造成不必要的困扰。只有适度的关心和关注才能真正赢得他人的信任和好感。

★学会倾听

倾听是人际交往中的重要一环，也是建立良好人际关系的关键。在职场中，要学会倾听他人的意见和建议，尊重他们的观点和需求。通过倾听，我们可以更好地理解同事的需求和意图，避免误解和冲突。

要成为一个好的倾听者，不仅需要我们通过专注和用心，听见对方表达的内容，更需要通过非言语和言语的技能，听到对方的感受。比如主动积极的举动、关心和关注的眼神、略微前倾的身体、尊重和非评判的态度、及时的反馈和回应（比如点头、重复以及一些简单的“嗯”“原来是这样啊”“你的意思是说……”“我感觉你真的很不容易……”）等等，来表示自己理解了对方的意思和感受。通过积极倾听，我们可以建立起良好的沟通渠道，增强彼此之间的信任和理解。

另外，倾听不仅仅是对他人的关注和尊重，也是对自己的反思和成长。通过倾听他人的反馈和建议，我们可以不断改进自己的工作方法和人际交往技巧，提升自己的职业素养和能力。

★ 遇到困难时主动寻求帮助

在职场中，我们时常会遇到各种挑战和困难。面对这些压力，有些人选择独自承受，但这样可能会使他们感到孤立无援，难以应对。相反，如果我们能够主动寻求朋友或家人的帮助，不仅可以更好地解决问题，还可以借此机会加深彼此的联系。

当在职场中遇到困难时，我们可以向同事、上级或者行业内的专家寻求帮助。他们可能会提供一些有益的建议、资源和指导，帮助我们更好地完成任务。通过与他们的合作和交流，我们不仅提高了自己的工作效率和质量，还能建立更好的人际关系，展示我们的团队合作和开放心态。在现代职场中，团队合作和跨部门协作变得越来越重要。当我们主动寻求他人的帮助和建议时，在向对方表明自己对其抱有信任与尊重的同时，也表达了自己愿意学习的态度。这种态度会赢得他人的尊重和信任，有助于我们在职场中获得更多的机会和成功，促进个人成长和发展。通过学习、交流和合作，我们可以不断地提高自己的技能和能力。这种持续的学习和成长有助于我们在职场中保持竞争力，并为未来的发展打下坚实的基础。

★ 不断提升自我，成为更好的自己

我们都是自己人生故事的作者。想要写出精彩的故事，就需要不断提升自我，成为更好的自己。学习不仅仅是为了应对工作上的挑战，它更像是一场永无止境的冒险。每当你掌握一个新的技能或知识，就如同获得一个新的“装备”或“魔法”，让你在职场中更加所向披靡。不要闭门造车，而是要积极与他人分享你的所学所感。就像魔法师之间的咒语交流，你的经验和见解能启发他人，你也能从他人的智慧中获得新的灵感。这种互动不仅可以加深彼此的了解，还能为合作带来更多可能。通过不断学习，我们能对自身的人际支持系统产生积极的影响，也能加深团队间的信任与了解，形成良性循环。

★积极参与团队活动

参与团队活动，是增进同事之间友谊和团队协作的重要途径。通过共同参与活动，可以增强彼此的了解和信任。当我们在团队活动中与同事们共同奋斗，共同经历欢笑与泪水，相互间的纽带会变得更加紧密。在拔河比赛中，为了共同的目标，大家齐心协力、互相鼓励；在团队建设活动中，我们彼此敞开心扉、分享故事。这样类似的经历不仅能加深彼此的了解，还能培养深厚的友谊。

此外，团队活动也是展示个人才能的舞台。我们可以借此机会展示自己的才华，同时也能更好地了解他人的长处。这样的相互欣赏与学习，能进一步增强团队凝聚力，使人际支持系统更加稳固。

总之，建立积极的人际支持系统需要我们从意识到行动上做出全面努力。一个良好的人际支持系统，不仅有助于提升工作效率，更能提升个人幸福感。当我们遇到困境时，一个健康的人际支持系统，可以提供情感支持、物质支持和经验指导，这是我们成长和发展的重要支撑。晓雯来访时所面临的困境，主要就是人际支持系统的缺失导致的。通过心理咨询，她发现了问题所在，开始努力培养自信和积极心态，并尝试参与更多社交活动，建立起了自己的人际支持系统。

作为职场人，别忘了还有“场”

所谓职场，这个“场”字明面指的是“场所”，背后代表的则是“环境”“氛围”。而好的职场环境和氛围的打造离不开组织和管理。因此，职场心理健康不仅仅要关注我们每个打工人怎么做，更需要打工人所依存的组织，也就是各类企事业单位、组织或机构也行动起来，从组织层面思考如何采取措施，打造一个心理友好的职场文化和环境，促进和保障员工的心理健康。

为什么作为组织，营造心理友好的职场文化和环境这么重要？也许我们可以从另一个角度，了解心理不友好的职场文化和环境会给员工和组织带来什么后果，以此更深入地理解这一点。

在心理不友好的职场环境下，首当其冲受影响的是员工的心理健康，因为组织的文化和氛围会影响员工的思想、行为、决策以及人际关系，比如“996”“007”等内卷和加班文化可能会增加员工出现职业耗竭的风险；崇尚“战狼”等过度竞争的职场文化可能会增加员工的不安全感和心理紧张，破坏工作关系和人际支持。不仅如此，员工的躯体健康同样会受影响。研究发现，工作场所心理健康问题可以通过直接和间接途径显著增加心脑血管系统、消化系统、骨骼肌肉系统、免疫系统疾病，如高血压、糖尿病、冠心病、心肌梗死、脑卒中、腰背痛、关节炎、胃炎、胃溃疡等的发病风险。一方面心理健康问题可以直接引起血压、血脂、血糖、肌肉关节、神经免疫系统等一系列生理指标改变，从而导致相关生理功能受损；另一方面心理健康问题通过作用于生活行为方式来对身体健康施加不良影响。有心理健康问题的个体一般更倾向于不健康的生活行为方式，比如更多摄入高盐、高脂、高糖等高热量的食品，降低运动频率，远离社会支持，更多熬夜，沉迷于不健康的缓解压力和痛苦的手段（酗酒、吸烟、药物滥用等）。

研究还发现，短时间内暴露于心理不友好的职场环境会增加员工出现睡眠障碍、情绪变化、疲劳、头痛等健康损害的风险，而长时间的暴露则是导致员工出现抑郁、自杀、免疫功能下降、心脑血管疾病的重要危险因素。心理健康问题不仅在员工个人层面造成损失，也会在家庭层面、组织层面、行业层面、社会层面产生巨大的负担。

2019 年 全球死于自杀者 70.3 万	2019 年 抑郁障碍患者高达 2.8 亿	2019 年 焦虑障碍患者高达 3.01 亿

家庭层面的损失不言而喻，不仅会因此失去经济来源和照料者，还增加了治疗和照料支出，以及相关的心理痛苦。组织层面，职场的心理健康问题损害员工心身健康，会进而增加员工缺勤和流失、降低劳动生产力和工作表现，影响组织发展。《英国劳动力调查》2018/2019年度数据显示，压力、抑郁或焦虑问题导致每年员工的平均病假天数超过21天，有这些心理健康问题的比例占所有与工作相关的健康案例的44%，占所有因健康原因导致的工作日损失的54%。另一项研究结果则更直接地显示了心理健康问题为组织带来的负面影响。通过算一笔经济账，研究发现，职业紧张、焦虑和抑郁等职场心理健康问题给用人单位造成每人每年1 035英镑的损失。照此粗略计算，如果是像华为这样拥有20多万员工的大企业，每年仅因这些常见心理健康问题造成的损失就可能超过2亿英镑。行业层面的损失也毋庸置疑，以英国医疗卫生行业为例，职业心理损伤如抑郁、焦虑、职业紧张带来的经济损失估计每年超过4亿英镑。而在社会层面的损失更是天文数字，欧美多个国家做过估算，仅职业紧张所造成的社会经济损失就相当于整个国家GDP的0.1% ~ 4.9%。

- 每年，在职人群中每 5 人中就有 1 人会因为压力而缺勤。
- 每 4 个辞职的员工中就有 1 个是因为无法承受压力而离开工作

岗位。

- 每年因为抑郁和焦虑而损失的工作日高达 120 亿天。

WHO 研究估计：仅抑郁症和焦虑症每年给全球经济带来的损失高达 1 万亿美元。精神健康问题带来的社会经济损失中，50% 是由生产力下降引起。

每个组织的发展都离不开健康且富有生产力的员工，健康的员工更有可能为组织带来经济效益。这一点，几乎在所有的组织都能达成共识，因为员工才是最核心的竞争力。没有组织愿意看到自己的员工因为压力等心理健康问题生病、请假或离职。从组织层面来讲，我们可以非常确定地说，心理不友好的职场环境最终损害的是组织的可持续发展。但是，为什么会有企业机构意识不到职场心理健康对组织发展的重要作用，会忽视员工心理健康，忽视对职场心理健康建设方面的投入呢？

一方面，有些组织管理者本身缺少这样的知识。另一方面，任何组织最关注的始终是成本效益，即如何以最小的成本达到最大的收益。从这个角度来讲，组织会做出这样的决策并不意外。毕竟从表面上看，将成本投入生产相关的环节短期内就可以看到成果，比如将资金投放在产品设计、设备设施、广告营销等领域，一般很快就能看到产品品类或款式的改变、产品线增加、产品市场曝光增加，甚至利润上升。这些都是看得见、摸得着的回报，对任何组织都会有吸引力。然而，如果将资金投入职场心理健康，它的效果往往是隐形的，并不那么显而易见。所以在很多组织管理者眼里，为员工心理健康投资，只“烧钱”、没“收益”，积极性当然不会高。只有当员工身心健康问题明显影响到组织的发展时，对员工健康的维护才会受到重视，并提上日程。但往往这时候，员工心理健康问题对组织的破坏已经达成，后期补救性投入需要花费的成本往往是前期预防性投入成本的几倍甚至几十倍，且效果也远低于预防性投入。

维护员工心理健康真的只是“血本无归”烧钱吗？当然不是！恰恰相反，为员工心理健康投资是最“赚钱”的项目。看看下面的测算数据，也许会让你大开眼界。

- 在扩大常见心理障碍的治疗方面每投入 1 美元，就能从改善健康和提高生产力方面获得 4 美元的回报！（世界卫生组织）
- 工作场所心理健康干预每投入 1 欧元，将会产生 13.62 欧元的收益！（英国）
- 在员工帮助计划上投入 1 美元，可以减少 10 ~ 16 美元运营成本，并换来 5 ~ 16 美元回报！（美国）

研究结果是不是颠覆了你的想象！原来，维护员工心理健康不仅不“烧钱”，而且还能赚钱！其实，只要回顾一下前面提到的心理健康问题对员工的影响及由此给组织带来的损失，这并不难理解。因为员工心理健康和幸福感提升之后，随之而来的就是心身健康水平的提升（节约了心理和躯体疾病治疗和康复的成本）、生产动力的增强（缺勤减少）、生产力、创造力和生产效率的增加（职业倦怠减少），工作质量的改善（差错率降低），对组织的忠诚度提升（员工满意度和幸福感提升，流失率下降，减少员工招聘和培训成本）。美国的一项经济学研究发现，仅投资于职场抑郁症预防、治疗和康复，回报率就高达20% ~ 566%！因此，在职场心理健康方面投资能让组织减少支出的同时提高生产效益，可以说是世界上最赚钱的投资之一。

不过，任何组织要获得这么高的回报，并不是简单地投钱就可以。职场心理健康领域的投资有诀窍。因为工作场所的心理健康和很多因素有关，包括工作相关的因素、组织和管理因素以及个体因素三个方面。

工作相关的因素是指影响心理健康的工作流程和工作环境设计，包括：① 工作场所的环境是否安全，如噪声、照明、温度、湿度、有毒有害物水平是否在职业安全范围内，工作环境和设备设施的设计是否符合人体工效学设计等；工作条件是否满足所需，如是否有足够的工作空间，相关的设备设施配置是否恰当、数量是否充足、运行时间或维护是否到位等。② 工作负荷是否适宜，过高或过低的工作负荷都会影响身心健康。③ 工作时长和工作班制是否合理，过长时间的工作、轮班工作或工作日程频繁变化是导致职业紧张、抑郁、焦虑、睡眠问题、孤独、人际关系不良等心理问题以及很多躯体疾病的高危因素之一。④ 工作要求与能力的匹配程度，过高不合理的工作要求，如需要短期内完成大量/高难度任务、过高的学习或掌握新技术的压力是职业紧张的主要影响因素。⑤ 对工作的控制力，即在工作中对新技术的应用能力、对技能的决定权以及参与工作决策的程度，员工对工作拥有一定控制力是心理健康的保护因素。⑥ 工作的稳定性，不稳定的状态增加职业紧张、情绪障碍的风险。⑦ 工作内容是否单调，从事过度简单、重复的工作的员工满意度低，更容易出现心理健康问题。⑧ 岗位职责不明确，角色冲突，处于需要对其他人负责的岗位会增加心理健康风险。

组织和管理因素，即组织所持的文化、氛围和组织提供的社会支持程度，以及组织的管理制度、管理者的风格等因素。高付出、高压力、低支持、低回报的工作氛围与职业倦怠、抑郁、焦虑、睡眠问题以及心血管疾病等一系列心身健康疾病相关。健康、积极和包容的组织文化和管理风格，包括安全、开放、透明、有利于员工互相支持和沟通的组织环境和氛围，包括能够促进员工职业发展、实现工作付出与回报平衡、工作与生活平衡的管理制度，包括有助于增加员工动力、工作满意度和幸福感的福利政策等。

个人因素，包括生物遗传因素，人口社会学因素如性别、年龄、受教育程度、婚姻家庭状况、经济状况、健康水平、职务职称等，还包括生活方式因素如运动习惯、睡眠、饮食、物质使用（酒精、烟草、药物及成瘾性物质）、成瘾行为等，性格特征因素如人格特质，以及工作与家庭之间是否平衡（照顾家庭和职业发展之间的冲突、是否能从家庭获得支持）等。

因此，工作场所心理健康的投入应该是围绕这三个方面的因素打造有利于每个员工心理健康的组织文化和环境，即心理友好的职场文化和环境。这个环境既包括硬件环境，也包括软件环境。员工在心理友好的职场环境下工作时：

● 可以尽可能避免与工作有关的伤害、疾病和残疾的发生，预防工作场所的物理和化学危害，从而最大限度地确保职业健康与安全；

● 可以及时获得促进和保持心身健康所需的信息、技能、资源和服务，帮助他们在工作和生活中更倾向于选择并养成健康的生活方式，保持工作-生活平衡；

● 有积极的工作关系，无论健康与否，患有何种疾病，在这个环境里都能感受到尊重、接纳、关爱和支持，并获得康复支持；

● 每个人都能在合适的岗位上发挥价值并获得相匹配的回报，愿意也有机会为组织的发展建言献策做出贡献，并能在组织的发展过程中获得个人成长机会，找到工作的意义感和价值感。

而要打造这样的职场环境，需要的不仅是改造硬件环境、提供服务和资源等方面的资金投入；还需要健康的工作组织和管理架构，以及健全的健康和安全政策，如简洁高效而非冗长、人浮于事的管理制度，有利于促进员工心身健康、预防心身疾病和促进职业康复的健康管理制度和流程，人岗匹配、付出和回报平衡的人事管理策略，以及员工-员工、员工-管理者之间顺畅的沟通机制与支持机制等；更需要健康的组织文化、积极的组织氛围、充分的社会支持等。后两者并非靠资金投入就能解决，而是要自上而下关注心理健康，营造心理友好的组织环境。具体可以从以下几方面着手：

★ 营造安全的工作环境

确保工作场所的环境（物理环境和化学环境）符合职业安全要求。定期评估、识别和改善影响职场健康和安全的风险因素，促进员工在工作场所的身体健康、安全和舒适，这也是组成工作场所心理安全的要素之一。

★ 组织发起，管理者带头

组织的资金投入向职场心理健康促进领域倾斜，引入员工帮助计划（employee assistant program, EAP），向员工展现组织对心理健康的重视；将心身健康相关政策和制度融入组织的发展决策、政策和程序，并融入各级日常管理中；把员工的心理健康水平作为组织发展的目标之一；领导和管理者公开谈论职场的心理健康，特别是在员工可及的场合，表明自身对心理健康促进积极关注的态度；从自身做起，关爱心理健康，主动学习心理健康知识和技能，并培养自己的领导能力和管理技能，避免因缺乏相关知识和技能对员工心理健康造成负面影响；对职场中阻碍心理健康的因素零容忍，从管理制度上杜绝职场欺凌、暴力、歧视、骚扰等；制定员工康复计划，建立职场心理康复制度和复工流程，为有心理健康问题的员工提供心理和康复支持，根据员工心身状况，合理调整岗位和工作内容，帮助员工重返岗位；公开支持和奖励开展心理健康促进工作的优秀管理者和积极参与心理健康促进工作的员工等。

★ 创造提升职场心理健康和幸福感的文化

从入职开始，鼓励和规范员工就职场心理健康展开讨论，增强员工的沟通意识，包括管理者主动定期与员工交流；团队会议分享心理健康主题；在公开区域张贴相关海报；在组织的官网、内网以及内部发行的信息简报上开设心理健康专栏，发布相关政策、信息、服务流程、想法和建议等，确保每个员工了解所在工作场所的心理健康促进计划、提升自身心理健康的权利和义务、可使用的心理健康服务和资源、获取服务和资源的流程，鼓励员工公开讨论心理健康问题，减少心理健康问题带来的病耻感。

★ 鼓励员工积极参与心理健康促进计划

职场心理健康促进不是组织的领导和管理者单方面意见的表达，而是多方需求的融合，要确保所有员工能及时获取相关服务信息、获得适宜的服务，因为员工积极、有效和长期地参与对于该促进计划的顺利实施非常关键。倾听员工的需求并让他们参与决策，包括协助职场心理健康促进计划、政策和流程的制定并配合实施，积极参与心理健康促进相关活动和培训，主动了解心理健康问题对自身身心健康、职业满意度、职业发展的影响，主动照料自己和同事的心理健康等。

★ 大力提倡工作与生活的平衡

一般来说，短期内保持长时间工作是可接受的，但如果需要长期长时间工作，持续的工作和生活的失衡会迅速导致心理压力和职业倦怠。研究发现，长时间工作时，超过四分之一的员工感到抑郁，三分之一的员工感到焦虑，一半以上的员工感到烦躁。组织在管理文化上应该避免强化“加班文化”，鼓励劳逸结合，可以通过制定弹性的工作时间和地点、提供灵活的休息时间及舒适的休息场所和放松方式、设立必要的带薪休假，并制定明确的支持性的管理政策，来帮助员工更好地解决工作和生活失衡所引发的冲突，获得工作与生活平衡的同时，实现工作和生活“双赢”。

★ 为员工提供学习和发展的机会

组织建立双向的反馈和管理机制，根据员工需求和企业发展需要制定“员工个人发展计划”，让员工进入组织之后能获得充分的指导，在组织内部有充分发挥自己能力的平台和空间，凭借自身需求和努力能公平地获得持续学习、成长和发展的机会，促进组织发展的同时找到个人价值。

★ 建立积极、支持性的工作关系和环境

通过工会、员工兴趣小组、员工团建等职场社交活动和职工福利政策，让每个员工都能融入组织，找到归属感；建立管理者-员工、员工-员工之间可以坦诚表达自己观点的持续沟通机制；及时肯定员工的努力和取得的成效，及时为有困难的员工提供心理和实际支持，营造彼此欣赏和支持的人际氛围；保护员工隐私，尊重每一位员工，对职场欺凌、歧视和骚扰采取零容忍的态度，提供落地的制度和措施以预防和惩治不良行为。

以上的各种措施共同构建了营造心理友好职场环境的三个框架，如图4–2所示。

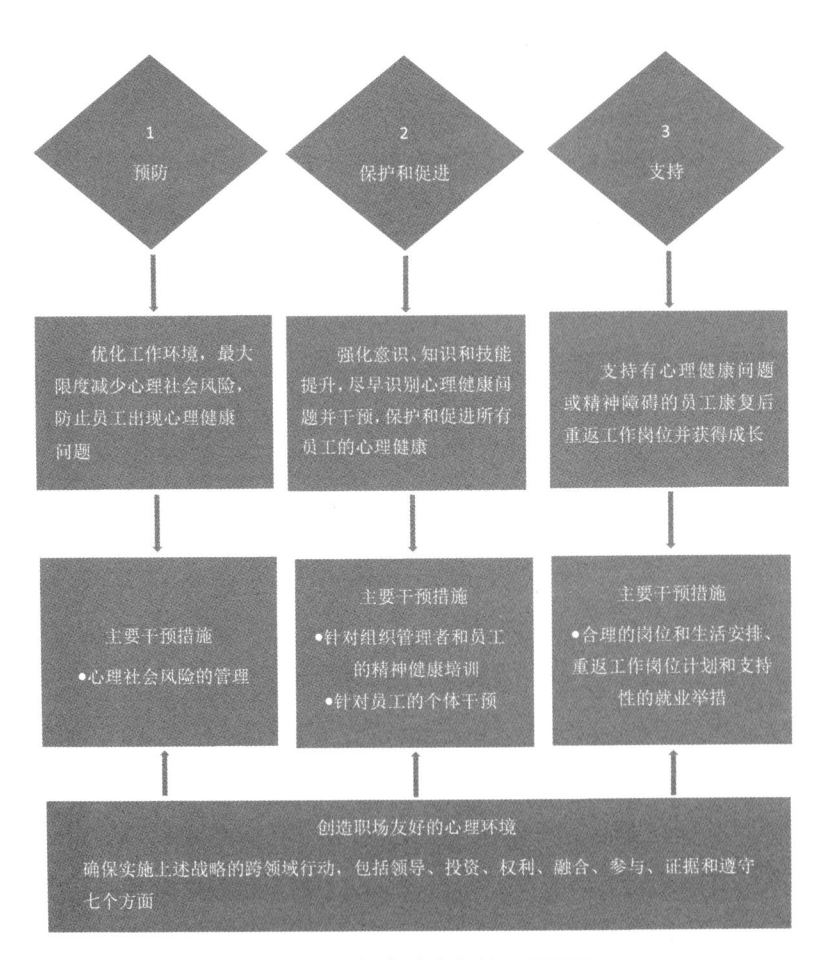

图 4-2 如何营造良好的职场环境

组织在以上三个框架内可实施的具体措施包括：

（1）预防措施（如表4-1）。

表 4-1　营造心理友好职场环境预防措施

工作相关领域	潜在的心理社会风险	组织可采取的预防措施
工作内容/任务设计	缺少灵活性； 技能使用不足或技能要求过高	发动员工参与工作内容设计； 任务轮岗或重新设计工作内容
工作量/工作节奏	繁重的工作量； 工作节奏快，时间压力大； 持续而紧迫的最后期限； 人手不足	限制工作时间或班次； 设置合理的最后期限和目标； 设置合理的工作要求（既不过高也不过低）； 安排合理安全的人员配置
工作时间表	工作时间长或非常规工作时间； 需要轮班； 工作时间不灵活	发动员工参与工作时间安排的设计； 设置灵活的工作计划表； 设置休息时间； 在非常规工作期间提供福利设施和支持
工作控制	对工作设计或工作量缺乏控制； 对自己的工作缺乏决定权	发动员工参与工作设计、工作组织和决策； 频繁、开放地沟通

续 表

工作相关领域	潜在的心理社会风险	组织可采取的预防措施
环境和设施设备	不安全的设备和资源；恶劣的物理工作条件（如照明不良、噪声过大或刺激性强、不符合人体工程学设计）	咨询员工及其代表的意见，提供符合健康和安全法律要求的工作环境，并增加设施和设备方面的投入
组织文化	组织目标不明确； 沟通不畅； 容易导致歧视或虐待的文化	提供机会让员工及其代表发表意见； 制定针对不公平、侵犯和虐待等行为的规章制度； 为受影响的员工提供支持
职场的人际交流	社交或身体隔离； 主管或同事提供的支持有限； 管理和监督过于专制，生产线管理紊乱； 暴力、骚扰或欺凌； 歧视或排挤	制定与暴力、骚扰和歧视相关的预防、调查和处理的规章制度； 为管理者提供培训，改变态度和意识，增加知识和技能； 提供同伴支持的机会，包括在非常规工作时间或场所

续　表

工作相关领域	潜在的心理社会风险	组织可采取的预防措施
在组织中的职责	组织或团队中的工作角色不明确	明确界定工作职责和角色，且职责具有一定的稳定性； 明确和稳定业绩考核要求
职业发展	晋升不足或晋升过快； 工作上有不安全感； 对员工发展投入不足； 用惩罚性的措施来管理病假和绩效	提供公平、良好的职业培训机会和再培训前景； 与员工签订符合国家法律和惯例的合同，提供正式、安全的工作，包括带薪病假； 确保所有过程的机会平等、公正透明； 建立支持性的绩效管理制度
家庭-生活平衡	家庭/工作需求冲突； 因为工作需要离家	制定灵活的工作安排； 对家庭照料者提供支持

资料来源：《工作场所精神健康：政策简报》，世界卫生组织和国际劳工组织，2022年。

（2）保护和促进措施（如表4-2）。

表 4-2　营造心理友好职场环境保护和促进措施

管理者精神卫生培训	及时识别员工的心理困扰，并做出恰当的回应； 运用人际管理技能，如开放的沟通和积极的倾听； 促进包容性和支持性的职场文化和环境； 从上到下倡导对职场的心理健康采取行动； 了解心理社会风险因素如何影响心理健康，并知道如何预防和管理这些风险； 确保员工可以获得组织的支持
员工精神卫生培训	提高职场心理健康意识，以及对职场心理健康和幸福感的理解； 转变对心理健康的态度，减少病耻感； 鼓励员工寻求帮助
个体干预	培养压力管理技能； 减少或缓解心理健康问题相关的症状

（3）支持有心理健康问题或精神障碍的员工（如表4-3）。

表 4-3　支持有心理健康问题或精神障碍员工的举措表

合理安排工作岗位	合理的工作安排旨在使工作环境与生病员工的能力、需求和偏好匹配，包括为员工提供灵活的工作时间，额外的完成任务的时间和照料自己心理健康的时间和空间，如私密的可以存放药物的地方或必要时可以休息的场所。此外，确保管理者能定期与员工交流、提供支持，或在员工因为与客户交涉导致压力过大时能重新安排工作。
重返职场计划	重返工作岗位计划旨在推动员工在生病缺勤后能重返工作岗位并继续工作。这些计划包括以工作为导向的照料（如上面提到的合理的工作安排或分阶段重返工作岗位），并与持续的有循证医学证据支持的医学照料相结合，以支持员工能重返工作岗位，同时减轻精神症状。
支持性就业举措	支持性就业举措旨在为有严重精神疾病的个体提供更多职业上和经济上的包容。通过这些举措，个体得以从事有偿工作，并继续获得卫生、社会、就业服务部门或心理康复服务等部门提供的心理健康和职业方面的支持。在某些情况下，支持性就业举措还包括额外的干预措施，如社交技能培训或认知行为治疗。

目前世界500强企业中，有超过80%的企业引入了以员工帮助计划（employee assistance program, EAP）为主的职场心理健康促进项目。无数企业的经验显示，要想推动组织健康发展，提升员工心理健康，需要从组织发展的战略角度，制定综合性的心理健康促进政策，组织和个人双管齐下，才能达到最佳效果。这其中就包括组织长期稳定的政策和投入，管理层的承诺、表态和身先士卒，从设计到实施全过程的员工参与，以及专人负责和管理。

促进员工心理健康，其本质是打造健康高效的工作场所，心理友好的职场文化与环境。只有那些愿意为员工心理健康投入的组织，才能让员工真正感受到安全和幸福，也只有在这样的环境里，员工才会真心把组织的发展目标和个人目标有机融合，才有意愿和能力全身心地发挥自己的才能和价值，为组织的持续健康发展贡献自己的力量！

作为职场打工人，我们既是心理友好职场环境的受益者，同时也是环境的创造者之一。因此，除了需要掌握前面几篇章中重要的心理健康有关的知识和技能外，我们也有责任为自己和他人打造一个更健康的工作环境，特别是当自己所在的职场氛围和环境还不够理想的时候，能够勇敢地为自己的心身健康发出声音，为建设接纳、友好、支持的职场环境建言献策，积极参与有利于心身健康的行动，为维护职场打工人的健康贡献一份力量。

优秀健康促进企业案例

案例 1：比利时保洁公司（Procter & Gamble, P&G）

保洁公司是全球最大的日用消费品公司，作为保洁公司在比利时的分公司，比利时保洁公司于2007年启动了旨在提高员工身心健康的“健康安宁项目”，内容包括瑜伽、普拉提、健康营养项目、身体拉伸运动等，员工可自由选择活动内容。该公司在实施职场心理健康促进项目时，公司经理层在行动上给予了大力支持，管理层的积极参与是项目成功的重要保障之一。首先，公司的所有部门经理都接受了心理压力等知识的相关训练，能够识别压力症状并为有压力的员工提供指导，员工也被鼓励向经理敞开心扉谈论任何问题并获得相关建议。其次，公司鼓励所有的经理每年至少参与一个健康促进项目的活动，以显示对项目的支持和承诺。自2007年实施项目后，公司的缺勤率从1.9%降低到了1.6%，员工满意度也获得提升。

案例 2：英国 Knock Travel 公司

Knock Travel（KT）是一家为商务旅行人士和休闲市场提供服务的小规模公司，只有22名员工。KT实施了一个名为“出色工作项目”的职场心理健康促进行动，以提高员工的健康。该项目的成功实施得益于该公司的长期规划：即打造一个健康的工作场所，并以持续性的循环行动来实现这个目标。首先，KT修改了公司政策及各项制度以更好地维护员工身心健康。其次，公司还宣传和健康有关的知识和议题，力求培养员工健康的生活方式。此外，公司将员工纳入项目的各个阶段，对员工的需求给与持续的反馈，并在政策层面解决员工的困难。最后，公司还定期进行员工问卷调查，以评估项目效果并找出积极的改变。KT对这个项目进行了长期投资，并将职场心理健康促进融入公司发展战略，固定为一项制度，以确保项目稳定性和持续性。项目实施后，公司员工士气增加，满意度提升，健康行为加强，缺勤率降低。

案例来源：《职场心理健康促进——优秀案例报告》，欧盟工作健康与安全署，2012年。

分3步，让精神状态遥遥领先

1. 如何评估自己的心理健康状态?

看完了前面关于职场常见心理问题的科普，你是否会担心自己需要进行自我调节了呢？别着急，在自我调节之前，我们也可以通过一些工具（表4-4 ~ 表4-11）来测试自己的真实状态，以便更有针对性地进行调适。

（1）评估自己的心理健康状态。

抑郁状态评估

请尝试回忆自己最近两个星期的状况，并在每个条目中对应的频率上打“√”。

表 4-4　抑郁症状自评量表（PHQ-9）

最近 2 个星期里，你有多少时间受到以下任何问题的困扰？	完全不会	几天	一半以上日子	几乎每天
1. 做事时觉得没意思或只有少许乐趣	0	1	2	3
2. 感到心情低落、沮丧或绝望	0	1	2	3

续 表

最近2个星期里，你有多少时间受到以下任何问题的困扰？	完全不会	几天	一半以上日子	几乎每天
3. 入睡困难、很难熟睡或睡太多	0	1	2	3
4. 感觉疲劳或无精打采	0	1	2	3
5. 胃口不好或吃太多	0	1	2	3
6. 觉得自己很糟，或觉得自己很失败，或让自己或家人失望	0	1	2	3
7. 很难集中精神做事，例如看报或看电视	0	1	2	3
8. 动作或说话速度缓慢到别人可察觉到的程度，或正好相反，烦躁或坐立不安、动来动去的情况远比平常多	0	1	2	3
9. 有不如死掉或用某种方式伤害自己的念头	0	1	2	3

计分方法：9个条目的得分相加得总分，总分范围0～27分。

不同分数提示：

0～4分：目前没有抑郁症状，请继续保持。

5～9分：目前可能有轻微抑郁症状，请关注自己的情绪健康，尝试自我调整，建议咨询精神科医生或心理医学工作者，过段时间再自我监测。

10 ~ 14分：目前可能有中度抑郁症状，建议咨询精神科医生或心理医学工作者，考虑心理咨询和/或药物治疗。

15 ~ 19分：目前可能有中重度抑郁症状，建议咨询精神科医生或心理医学工作者，积极接受药物治疗和/或心理治疗。

20 ~ 27分：目前可能有重度抑郁症状，请尽快咨询精神科医生或心理医生，积极接受专业治疗。

焦虑状态评估

请尝试回忆自己最近两个星期的状况，并在每个条目中对应的频率上打"√"。

表 4-5　焦虑症状自评量表（GAD-7）

最近 2 个星期里，你有多少时间受到以下任何问题的困扰？	完全不会	几天	一半以上日子	几乎每天
1. 感觉紧张，焦虑或急切	0	1	2	3
2. 不能够停止或控制担忧	0	1	2	3
3. 对各种各样的事情担忧过多	0	1	2	3
4. 很难放松下来	0	1	2	3
5. 由于不安而无法静坐	0	1	2	3
6. 变得容易烦恼或急躁	0	1	2	3
7. 感到害怕，似乎将有可怕的事情发生	0	1	2	3

计分方法：7个条目的得分相加得总分，总分范围0 ~ 21分。

不同分数提示：

0 ~ 4分：目前没有焦虑症状，请继续保持。

5 ~ 9分：目前可能有轻微焦虑症状，请关注自己的情绪健康，尝试自我调整，建议咨询精神科医生或心理医生，过段时间再自我监测。

10 ~ 13分：目前可能有中度焦虑症状，建议咨询心理医生或者精神科医生，考虑心理咨询和/或药物治疗。

14 ~ 18分：目前可能有中重度焦虑症状，建议咨询精神科医生或心理医生，积极接受心理咨询和/或药物治疗。

19 ~ 21分：目前可能有重度焦虑症状，请尽快咨询精神科医生或心理医生，积极接受专业治疗。

压力感受量表

以下问题询问你在过去的四个星期里的一些感受和想法，对于每一个问题，请选出符合你自己的情况。

表4-6 压力感受量表

	从未有	几乎没有	偶尔	经常	非常多
1. 你有多少时间因为意外发生的事情而感到心烦意乱？	0	1	2	3	4
2. 有多少时间你感到无法掌控生活中重要的事情？	0	1	2	3	4

续　表

	从未有	几乎没有	偶尔	经常	非常多
3. 有多少时间你感觉到神经紧张或“快被压垮了”？	0	1	2	3	4
*4. 有多少时间你对自己处理个人问题的能力感到有信心？	4	3	2	1	0
*5. 有多少时间你感到事情发展和你预料的一样？	4	3	2	1	0
6. 有多少时间你发现自己无法应付那些你必须去做的事情？	0	1	2	3	4
*7. 日常生活中有多少时间你能够控制自己的愤怒情绪？	4	3	2	1	0
*8. 有多少时间你感到处理事情得心应手（事情都在你的控制之中）？	4	3	2	1	0
9. 有多少时间你因为一些超出自己控制能力的事情而感到愤怒？	0	1	2	3	4
10. 有多少时间你感到问题堆积如山，已经无法逾越？	0	1	2	3	4

计分方法未标星号（*）的条目（条目1，2，3，6，9，10）选“从未有”“几乎没有”“偶尔”“经常”“非常多”分别计0、1、2、3、4分；标星号（*）的条目（条目4，5，7，8）

为反向条目，相应选项分别计4、3、2、1、0分。问卷10个条目的得分相加得总分，总分范围0 ~ 40分。

不同分数提示：

0 ~ 10分：本次评测结果显示目前你生活中没有感受到什么压力，一切都在你的掌握之中。

11 ~ 20分：本次评测结果显示你目前感受到轻度压力，请注意自我放松和压力管理。

21分以上：本次评测结果显示你目前感受到很大压力，需要采取减压措施，或寻求心理支持。

失眠严重指数（insomnia severity index, ISI）

失眠严重指数是一个简便的睡眠自我评估工具，主要用来帮助我们评估失眠的严重程度。

请根据你最近1个月的情况，圈出最符合睡眠情况的选项。

表 4-7　失眠严重指数量表

1. 入睡困难	无	轻度	中度	重度	极重度
	0	1	2	3	4
2. 维持睡眠困难	无	轻度	中度	重度	极重度
	0	1	2	3	4
3. 早醒	无	轻度	中度	重度	极重度
	0	1	2	3	4

续　表

4. 你对自己目前的睡眠状况满意程度如何?	非常满意	满意	不太满意	不满意	非常不满意
	0	1	2	3	4
5. 你认为自己的失眠在多大程度上影响了日常功能?	无	轻度	中度	重度	极重度
	0	1	2	3	4
6. 在其他人看来，你的睡眠问题对你的生活质量有多大程度的影响或损害?	无	轻度	中度	重度	极重度
	0	1	2	3	4
7. 你对目前的睡眠问题的担心/痛苦程度如何?	无	轻度	中度	重度	极重度
	0	1	2	3	4

计分方法：各单项分相加得总分，总分范围是0 ~ 28。

不同分数提示：

0 ~ 7分：没有临床上显著的失眠症，你的睡眠状况良好，请继续保持。

8 ~ 14分：阈下失眠症，你存在一定的失眠症状，建议积极学习睡眠卫生相关知识，适当调整自己的睡眠习惯和作息规律，若症状加重，建议到专业的睡眠障碍门诊或睡眠障碍诊治中心就诊。

15 ~ 21分：临床失眠症（中重度），你的睡眠问题已经影响到你的生活，建议到专业的睡眠障碍门诊或睡眠障碍诊治中心就诊。失眠会在不同程度上造成日间嗜睡，在嗜睡的状态下从事开车、高空作业或操作有风险的机器是很危险的。

22 ~ 28分：临床失眠症（重度），你的睡眠问题已经明显影响到你的生活，建议尽快到专业的睡眠障碍门诊或诊治中心就诊；失眠会在不同程度上造成日间嗜睡，在嗜睡的状态下从事开车、高空作业或操作有风险的机器是很危险的，建议能同时评估一下自己的嗜睡情况。

躯体症状量表

在过去4个星期中，你受到以下任何问题所困扰的程度有多少？

表 4-8　躯体症状量表

症　状	无困扰	有点困扰	很多困扰
1. 胃痛	0	1	2
2. 背痛	0	1	2
3. 胳膊、腿或关节疼痛（膝关节，大腿髋关节等）	0	1	2
4. 痛经或月经期间其他问题（该问题仅女性回答）	0	1	2
5. 头痛	0	1	2
6. 胸痛	0	1	2
7. 头晕	0	1	2

续　表

症　　状	无困扰	有点困扰	很多困扰
8. 晕厥	0	1	2
9. 感到心脏怦怦跳动或跳得很快	0	1	2
10. 透不过气来	0	1	2
11. 性生活中有疼痛或其他问题	0	1	2
12. 便秘，稀便，腹泻	0	1	2
13. 恶心，排气，消化不良	0	1	2
14. 感到疲劳或无精打采	0	1	2
15. 睡眠有问题	0	1	2
合　　计			

计分方式：15个条目分数相加，总分0 ~ 30分。

不同分数提示：

0 ~ 4分：没有躯体症状。

5 ~ 9分：轻度的躯体症状，请注意自我心理调适，持续无改善时寻求专业心理医生的帮助。

10 ~ 14分：中度的躯体症状，建议寻找心理医生的帮助。

15分以上：严重的躯体症状，建议寻找心理医生的帮助。

社会支持水平量表

本量表用于评估你的社会支持水平，以下12个句子，请根据自己的实际情况在每句后面选择一个答案。

表 4-9 社会支持水平量表

序号	项　目	极不同意	很不同意	稍不同意	中立	稍同意	很同意	极同意
1	在我遇到问题时有些人（领导、亲戚、同事）会出现在我的身旁	1	2	3	4	5	6	7
2	我能够与有些人（领导、亲戚、同事）共享快乐与忧伤	1	2	3	4	5	6	7
3	我的家庭能够切实具体地给我帮助	1	2	3	4	5	6	7
4	在需要时我能够从家庭获得感情上的帮助和支持	1	2	3	4	5	6	7
5	当我有困难时有些人（领导、亲戚、同事）是安慰我的真正源泉	1	2	3	4	5	6	7

续　表

序号	项　目	极不同意	很不同意	稍不同意	中立	稍同意	很同意	极同意
6	我的朋友们能真正地帮助我	1	2	3	4	5	6	7
7	在发生困难时我可以依靠我的朋友们	1	2	3	4	5	6	7
8	我能与自己的家庭谈论我的难题	1	2	3	4	5	6	7
9	我的朋友们能与我分享快乐与忧伤	1	2	3	4	5	6	7
10	在我的生活中有人（领导、亲戚、同事）关心着我的感情	1	2	3	4	5	6	7
11	我的家庭能心甘情愿协助我做出各种决定	1	2	3	4	5	6	7
12	我能与朋友们讨论自己的难题	1	2	3	4	5	6	7

计分方式：12个条目分数相加，总分0 ~ 84分。分数越高，说明社会支持水平越高。

（2）评估自己的职业倦怠情况。

你对你的工作感到疲惫了吗？可以用职业倦怠量表（maslach burnout inventory-general survey，MBI-GS）来评估。下面的每一条描述右边都有一个线段，这个线段代表了这样的状况出现的频率。“0”表示从来没有这种情况；“1”表示这种情况一年出现几次或更少；“2”表示一个月出现一次或更少；“3”表示一个月会出现几次；“4”表示平均每周都会出现1次；“5”表示每周平均出现2次及以上；“6”表示这样的情况每天都有。在线段上圈出符合你状态的那个数字。

表 4-10 职业倦怠量表

1. 工作让我感觉身心俱疲

0 1 2 3 4 5 6

2. 下班的时候我感觉精疲力竭

0 1 2 3 4 5 6

3. 早晨起床不得不去面对一天的工作时，我感觉非常累

0 1 2 3 4 5 6

续　表

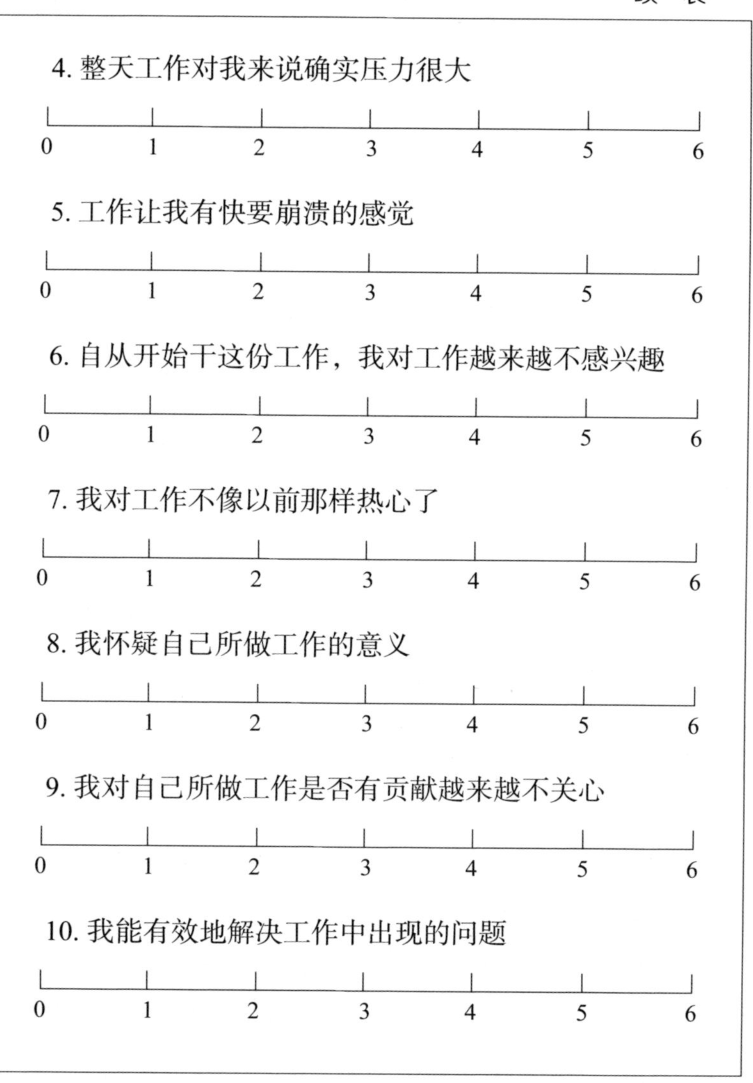
4. 整天工作对我来说确实压力很大

0 1 2 3 4 5 6

5. 工作让我有快要崩溃的感觉

0 1 2 3 4 5 6

6. 自从开始干这份工作，我对工作越来越不感兴趣

0 1 2 3 4 5 6

7. 我对工作不像以前那样热心了

0 1 2 3 4 5 6

8. 我怀疑自己所做工作的意义

0 1 2 3 4 5 6

9. 我对自己所做工作是否有贡献越来越不关心

0 1 2 3 4 5 6

10. 我能有效地解决工作中出现的问题

0 1 2 3 4 5 6

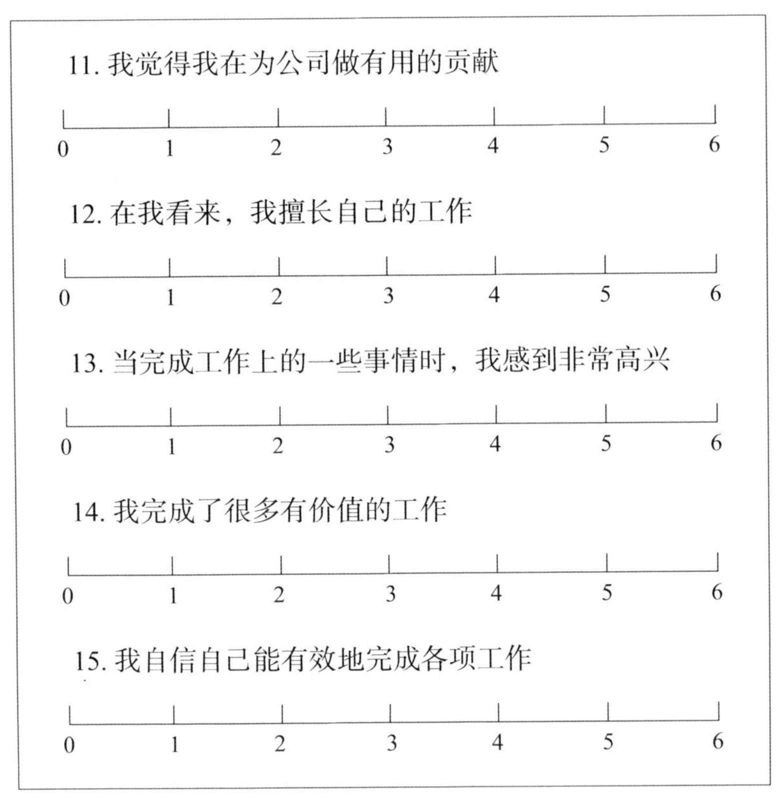

11. 我觉得我在为公司做有用的贡献

0　1　2　3　4　5　6

12. 在我看来，我擅长自己的工作

0　1　2　3　4　5　6

13. 当完成工作上的一些事情时，我感到非常高兴

0　1　2　3　4　5　6

14. 我完成了很多有价值的工作

0　1　2　3　4　5　6

15. 我自信自己能有效地完成各项工作

0　1　2　3　4　5　6

做完后，我们可以了解自己的情绪资源消耗程度、对工作的投入和价值感，以及自我价值，请根据以下提示来计算得分：

- 情绪资源消耗程度：把1 ~ 5题的得分相加（总分范围0 ~ 30分），通常这个总分越高，代表你在工作中的情绪资源消耗越高，工作会让你觉得特别累、压力特别大，对工作缺乏冲劲和动力，在工作中会有挫折感、紧张感，甚至出现害怕工作的情况。

- 对工作的投入和价值感：把6 ~ 9题的得分相加（总分范围0 ~ 24分），通常这个得分越高，意味着你越可能刻意和工作及与工作相关的人员保持一定的距离，对工作不像以前那么热心和投入，总是很被动地完成自己分内的工作，对自己工作的意义表示怀疑，体验不到工作的价值。
- 自我价值：把10 ~ 15题的得分相加（总分范围0 ~ 36分），和前面两项不同的是，这个分数是越高越好。分数越低代表着一个人对自身的负面评价越多，认为自己不能有效地胜任工作，或者怀疑自己所做工作的贡献，认为自己的工作对社会、组织和他人并无多少贡献，体验不到自己的价值。

在这个评估中，没有一个明显的分界线，因此做完这些自评，还可以问问自己：我以前对于自己的了解与这个评估一致吗？我开始感觉到担忧了吗？

（3）评估自己的抗压能力。

即便是在职场或是生活中遇到了困难，感到有压力，如果一个人有比较强的心理弹性/心理韧性，那么他的抗压能力就会比较强，相对来说也更容易克服困难。想知道自己是否有应对压力的能力可以通过心理复原力量表来获知。心理韧性越高，复原力越强，抗压能力也越强，反之亦然。

请根据你最近1个月的情况，在后面方框里选出最符合实际情况的选项，并在对应的选项方框里打“√”。

表 4-11　心理复原力量表

序号	内　容	从不	很少	有时	经常	一直如此
1	当事情发生变化时我能适应	0	1	2	3	4
2	无论人生路途中发生任何事情，我都能处理它	0	1	2	3	4
3	面临难题时，我试着去看到事物积极的一面	0	1	2	3	4
4	经历磨难会让我更有力量	0	1	2	3	4
5	我很容易从疾病、受伤或困难中恢复过来	0	1	2	3	4
6	我相信即使遇到障碍我也能实现自己的目标	0	1	2	3	4
7	压力之下，我仍然能够集中精力思考问题	0	1	2	3	4
8	我不会轻易被失败打倒	0	1	2	3	4
9	在处理生活中的挑战和困难时，我是个坚强的人	0	1	2	3	4
10	我能够处理一些不愉快或痛苦的感觉，如悲伤、害怕或生气	0	1	2	3	4

当你对10个条目都进行了选择后，请把每个条目的得分相加，算出你的总分（总分范围：0 ~ 40分）。得分越高，表示你的心理弹性越好。

2. 自我调节小技巧

（1）渐进式肌肉放松。

渐进式肌肉放松是一种通过肌肉的紧张和放松过程带动情绪放松的方法。一般来说，要放松的肌肉都是配对出现的，所以我们可以先做一边，再做另一边。那么这个练习要如何做呢?

首先，注意力集中到要练习的肌肉群，比如说，先集中到手部的肌肉。之后，保持安静和呼吸均匀的状态让肌肉的紧张度均匀地达到几乎100%的状态。你也可以辅助一些想象来达成这种状态，比如想象手中有一颗柠檬，然后要通过攥拳，把手里的柠檬汁完全挤出来。注意，这种紧张不能让肌肉痉挛。当肌肉已紧张到无法更紧张的时候，清晰感受肌肉的紧张，保持7秒钟，之后完全放松，观察从紧张到放松的过程。再将注意力集中在放松状态下的肌肉，保持20至30秒，感受肌肉的放松状态，问自己：我感受到什么？观察紧张之后出现的松弛感受，包括心理上的感受。这个过程可以重复3 ~ 5次，直到你感觉到肌肉已经比较松弛，无法像第一次那么紧。通常来说，这时候我们的情绪也会相应得到放松。

一般来说，做双手的放松比较方便，因此我们可以在需要即刻调节情绪时使用这样的放松技巧。如果是用于改善日常情绪和压力，那么可以在安静的地方对所有肌肉都进行放松。以下是全身肌肉的放松姿势和过程：

双手：紧握拳头→放松

双前臂和肱二头肌：抬起前臂向肩膀处靠近→放松

前额：抬高眉毛拉紧前额肌肉→放松

眼：紧闭双眼拉紧眼周肌肉→放松

颈：头向后仰尽力触及背部→放松

咽喉部：张大嘴巴→放松

肩背部：抬高肩膀拉紧肩胛肌肉→放松

胸：深呼吸拉紧胸部肌肉→放松

腹：收腹拉紧腹部肌肉→放松

臀部：臀部肌肉向中间挤→放松

大腿：双腿前伸→绷紧大腿的肌肉→放松

小腿：双腿前伸→脚趾向下压→放松

双脚：双腿前伸→把脚趾并拢，脚后跟往前推，脚趾弯曲向下→放松

坚持进行放松练习，并尝试找到你在肌肉放松时的情绪感受，评估放松练习前后的情绪紧张程度，帮助自己找到舒缓的感觉。

（2）冥想。

冥想起源于五千年前的东方宗教和文化传统。随着历史的演变，它逐渐跨越了最初的宗教和文化，已经成为心理学研究的一个重要主题。冥想不仅强调身体方面的放松，也强调认知和心理方面的放松，因而是一种综合性的心理和行为训练。冥想有一些特定的练习技术和阶段，需要个体注意等多方面认知功能的参与，在此过程中还会产生微妙的心理体验变化。同时，尽管冥想的训练方式多种多样，但其最终目的都在于提升个体自身的生活意义。冥想的基本原理很简单，仅仅是坐和呼吸。方式有多种多样，这里只介绍一种。

坐在椅子的前三分之一处，并调整坐姿。你的后腰可以轻轻地靠着后面的靠垫，将臀部的肌肉拨一下，使臀骨与垫子接触，会坐得舒适一些。双脚分开与肩同宽，平放在地上。伸直、舒展你的脊柱，使其和你的头在同一直线上，就像要逼近天花板一样，随后放松。在背挺直的基础上，腹部和臀部微微突出，即背的下部微微成弧形。让背挺直是为了便于横膈膜自由运动，这样你在冥想时的呼吸会变得非常深、自然和容易。

右手掌心向上，呈刀状，“刀口”对着下腹部。左手放在右手上，双手手指重叠。两手大拇指轻轻相触，成椭圆状。保持这个手势，自然放在大腿上。头和肩都不要向前倾斜或者倒向左右一边。双耳与肩平行。鼻尖在肚脐的正上方。下颌微收。轻轻闭上眼睛。嘴唇和牙齿都合拢，舌头轻轻压在上颚，排出口腔里的空气，使口腔处于微真空状态，这样可以防止产生过量的唾液和吞咽。缓缓地调节你的身体弧度，直到坐稳重心。

冥想看起来有很多规则，但你的肌肉要放松，身体不能紧张，在冥想过程中尽量保持姿势不动。

将你的注意力放在吸气和呼气上，默数自己的呼吸。尽管这是一种简单的冥想方式，但是并不像听起来那么容易做到，因为你经常会有其他想法冒出来。当这些想法出现时，不用紧张，只需要再次把你的意识聚焦到呼吸上来就行，保持头脑清醒。

当你感觉到自己充分放松了，现在开始运用腹式呼吸。吸气时，在心里默数1，想象这个数字伴随着空气缓缓经过你的鼻腔、胸腔，进入你的腹部，你的腹部像一个气球一样慢慢变大。呼气时，你的肚子就像气球一样慢慢缩小，同时在心里默数1，想象它缓缓经过胸腔、鼻腔，排出你的体外。

这样循环往复，从1开始数，然后2、3、4……一直数到10，再次从1开始数。数呼吸能给你一个反馈，帮助你知道自己什么时候走神了，从而进行调节。如果中间发现自己走神了，不用担心，也不需要过度批评自己，只要将注意力拉回来，重新开始数就可以了。保持这个节奏进行大约二十分钟。在这个过程中，感受平静，听到任何声音都不要理会，把注意集中在感受自己的呼吸上。冥想结束后，睁开眼，将平静的感受带回到现实中。

（3）自我关怀。

研究和临床经验表明，当我们能够照顾好自己的时候，才能更好地照顾他人。很多时候我们专注在满足他人需求上，忘记了对自己进行关怀。学习自我关怀，不仅是自己帮助自己，也要善于寻求他人的帮助。自我关怀可以让我们更好地调节负面情绪，获得活力，从而更好地服务他人，也能提高我们的心理免疫力，更好地应对复杂的、紧急的工作任务。

那什么是自我关怀呢？当一个人处在困难、挫折、痛苦、失望等不利的情境时，能够对自己消极的状态保持开放和友善的态度，能够具有安抚和关心自己的能力，这就是自我关怀。然而，自我关怀不是只在遭遇困难时才进行，而是在日常生活中就需要去做。当累积了足够多对自己的关怀时，我们应对困难和挑战的能力也会随之提升。自我关怀也有很多种方式，这里介绍一种——打造自己的关怀清单。

以下列出了一些可能会让人感觉到愉快的事项，在你认为可以关怀到自己的愉快事项中打“√”吧，如果有些你认为是自我关怀的活动却没有被列出，也可以在后面的横线上进行补充。

□计划每天的活动

□制定一个短期、中期、长期的目标

□做正念、冥想以及注意力练习

□健身，做一些运动

□听能让你放松或充满力量的音乐

□养花、照顾植物

□照顾你家的小动物

□阅读自助书籍

□与亲友相拥

□洗个舒服的热水澡

□制作模型

□参与志愿服务

□看一部喜欢的电影

□玩或学习一种乐器

□唱歌

□阅读小说、诗歌、杂志、报纸

□做放松练习

□打一小时游戏

□做祷告（如果有宗教信仰）

□给朋友或家人打个电话聊天

□玩填字游戏

□每天发现自己的好品质

□写日记或进行文学创作

□起床后换好衣服，精心打扮

□学习自己感兴趣的东西（如园艺、植物学）

□做手工（刺绣、编织或者缝纫）

□绘画

□雕刻（或者做黏土手工）

□跳舞

□整理房间

□烘焙

□给自己冲一杯咖啡/茶

□摄影

□看看老照片和视频

□通过叫喊来发泄情绪，把心里话说出来，或通过打枕头发泄情绪

□______________________

□______________________

□______________________

□______________________

□______________________

□______________________

□______________________

问问自己，这些令自己愉快、感到被支持和关怀的活动，花多少时间去做会让我们感觉到被支持？如果花大量的时间在某一项事情上而耽误了其他事情，那做完这项活动时我们不会感觉到被支持，也不会感觉到心理能量的恢复，因为又产生了新的消耗。因此，我们需要时刻保持觉察，去感受做这些事情

时给我们带来的心理满足感，并在感到满足之后停下来。

（4）其他方法。

更多相关知识和自我关怀方法，请扫码获取：

绿丝带减压放松技巧

“上海精神卫生飘扬的绿丝带”科普公众号

3. 如何求助？

当需要帮助时，我们可以向精神科医师、心理咨询师/心理治疗师等专业人士寻求帮助。

● 精神科医师

精神专科医院、综合医院精神/心理科、社区卫生服务中心等医疗机构配备精神科医师。精神科医师的主要作用是提供诊断和药物治疗，部分医院也提供物理治疗等。同时，精神科医师会给出是否可以进行心理咨询与心理治疗的建议。

● 心理咨询师/心理治疗师

部分医疗机构中配备心理治疗师，提供心理治疗服务。心理咨询师则主要在医疗机构之外提供心理咨询服务。无论是心理咨询还是心理治疗，都不是说教，而是帮助你发展心理能力，增强抗挫折能力，探索和了解自我，从而达到缓解症状、促进心理成长的目的。

在这些地方，你可以获得专业人士的帮助：

（1）精神专科医院。

以下是上海市的精神专科医院信息（更新于2024年5月），具体就医情况以医疗机构公布的为准。

表 4-12　上海市精神医疗卫生机构信息表

序号	单　位	地　址	电　话
1	上海市精神卫生中心	徐汇院区：宛平南路 600 号	021-64387250
		闵行院区：沪闵路 3210 号	021-52219010
2	徐汇区精神卫生中心	龙华西路 249 号	021-64560088
3	黄浦区精神卫生中心	张家浜路 39 弄 5 号	021-68901126
		瞿溪路 1162 号	021-53010724
4	长宁区精神卫生中心	协和路 299 号	021-22139500
5	静安区精神卫生中心	南院：康定路 834 号	021-62584019
		北院：平遥路 80 号	021-66510223

续　表

序号	单　　位	地　　址	电　　话
6	普陀区精神卫生中心	志丹路 211 号	021-56056582
7	虹口区精神卫生中心	同心路 159 号	021-56662531
8	杨浦区精神卫生中心	军工路 585 号	021-61173111
9	宝山区精神卫生中心	友谊西路 788 号	021-66782273
10	闵行区精神卫生中心	闸航路 2500 号	021-54840696
11	浦东新区精神卫生中心	总院：三林路 165 号	021-68306699
		分院：源深路 622 号	021-58318875
12	浦东新区南汇精神卫生中心	拱乐路 2759 号	021-68036151
13	松江区精神卫生中心	塔汇路 209 号	021-57846277
14	金山区精神卫生中心	金石南路 1949 号	021-57930999
15	青浦区精神卫生中心	练西公路 4865 号	021-59290160
16	嘉定区精神卫生中心	望安路 701 号	021-59935000
17	奉贤区精神卫生中心	奉炮公路 1180 弄 1 号	021-37502012

续　表

序号	单　　位	地　　址	电　　话
18	崇明区精神卫生中心	三沙洪路 19 号	17321126759
19	上海市民政第一精神卫生中心	中春路 9999 号	021-64201320
20	上海市民政第二精神卫生中心	川周公路 2607 号	021-68139307
21	上海市民政第三精神卫生中心	闻喜路 590 号	021-56837154
22	上海市公安局安康医院	殷高路 2 号	021-51056600

（2）综合医院精神心理科。

以下是上海市开设精神心理科的综合医院信息（更新于2024年5月），具体就医情况以医疗机构公布的为准。

表 4-13　上海市综合医院精神心理科信息表

序号	单　　位	地　　址	电　　话
1	上海市第一人民医院医学心理科	北部：武进路 85 号	021-63240090
		南部：新松江路 650 号	021-37798326

续　表

序号	单　位	地　址	电　话
2	上海市第六人民医院心理咨询门诊	宜山路 600 号	021-64369181
3	瑞金医院心理科	瑞金二路 197 号	021-34186000
4	新华医院临床心理科	控江路 1665 号	021-25078999
5	中山医院心理医学科	枫林路 180 号	021-64041990
6	上海长征医院医学心理科	凤阳路 415 号	021-81886999
7	上海市东方医院临床心理科	本部：即墨路 150 号 南院：云台路 1800 号	021-38804518
8	复旦大学附属儿科医院精神心理科	万源路 399 号	021-64931990
9	上海市儿童医院儿保科	北京西路 1400 弄 24 号 泸定路 355 号	021-62474880
10	上海儿童医学中心儿保门诊	东方路 1678 号	021-38626161

续　表

序号	单　　位	地　　址	电　　话
11	上海市同仁医院精神科	仙霞路 1111 号	021-52039999
12	仁济医院东院心理医学科	浦建路 160 号	021-58752345
13	华山医院精神医学科	乌鲁木齐中路 12 号	021-52889999
14	华山医院东院（上海国际医院）神经内科	红枫路 525 号	021-38719999
15	上海市同济医院精神医学科	新村路 389 号	021-56051080
16	上海市第十人民医院精神心理科	延长中路 301 号	021-66300588
17	复旦大学附属肿瘤医院心理医学科	东安路 270 号	021-64175590
18	海军军医大学第一附属医院长海医院神经内科	长海路 168 号	021-31166666
19	上海市宝山区中西医结合医院精神卫生科	友谊路 181 号	021-56601100
20	上海市老年医学中心心理医学科	春申路 2560 号	021-51371990

续 表

序号	单　位	地　址	电　话
21	上海市普陀区人民医院临床心理科	江宁路 1291 号	021-32274550
22	上海市徐汇区中心医院精神卫生科	龙川北路 366 号	021-31270810
23	上海市杨浦区中心医院心理科	平凉路 2200 号	021-65690520
24	上海市养志康复医院精神科	光星路 2209 号	021-37730011
25	上海市中医医院神志病科	芷江中路 274 号	021-56639828

（3）心理热线。

当需要紧急的心理援助，或需要心理支持时，可以拨打心理热线。比如全国统一心理援助热线为12356；在上海，有“上海市心理热线962525”，这是一条由多家专业机构共同组建和实施的公益热线，提供7×24小时全天候服务，配有专业心理咨询资质的志愿者轮流值班，为来电者提供免费心理服务。心理热线作为政府支持的公益热线，是为所有公众服务的。因此，热线的基本属性有：

- 为需要帮助的来电者提供公益性的、暂时性的、即刻的心理支持和帮助，与强调稳定咨访关系的、收费的、固定频率的面询有着本质差异。

- 为有效服务更多公众，心理热线的接听时间一般不超过30分钟，特殊情境比如涉及危机干预来电可以适当延长。

- 心理热线的大部分志愿者来自专业卫生机构或者教育机构，多为兼职志愿服务。根据心理服务特定的工作设置，同时也为了保护来电者和热线接线员，心理热线无法按照来电者要求，承诺安排单一固定的热线接线员，也不会根据来电者的要求，查询和提供热线接线员的相关信息。心理热线提醒来电者不以各种理由打听和索要热线接线员私人联系方式。

- 心理热线有着天然的、无法避免的局限性，无法为来电者提供病情诊断和药物咨询服务，心理援助的本质也不解决或扭转客观问题，来电者应调整求助的期待。

- 心理热线建议来电者关注自己当下的情绪和问题，在诸多问题中，来电者可以和接线员共同探讨，优选一个问题作为一次通话的重点讨论内容。

- 心理热线的优势是能通过倾听和陪伴，即时帮助缺乏心理支持、面对困境采用习惯性的思维模式和应对方法均失效的来电者。长期存在的精神障碍、人格问题，已超出心理援助热线的工作范围，来电者应到精神卫生专科机构就诊，或到专业的心理咨询机构进行长程面询。

来电者在使用心理热线时应承担一定的义务，做到真诚、信任、尊重，具体包括：

● 来电者应对来电内容负责。做到不夸大事实、不恶意骚扰、不违背法律法规。

● 如涉及自身或他人生命安全等事项，请予以配合，留下地址和联络方式，并配合相关部门危机干预或回访。

● 如被三位及以上不同接线员标示为恶意骚扰来电，经复核后，该来电的心理援助服务将被暂停。

● 对涉及需要医疗咨询、就诊预约等来电，推荐直接拨打相关医疗机构电话。各医疗卫生机构有相应的问题应答机制，如医疗机构有门诊办公室、各专业机构有总机电话，均可快速受理和处置公众提出的问题。建议充分利用各单位已经设置的问题反馈通道，这样可以保证你提出的诉求能够快速得到更准确的应答。

参考文献

[1] 岸见一郎.精神内耗自救指南［M］.李颖，译.上海：上海三联书店，2022.

[2] 奥尼尔，查普曼.职场人际关系心理学:第12版［M］.石向实，郑君丽，等译.北京：中国人民大学出版社，2012.

[3] 国家卫健委网站.卫健委印发《国际疾病分类第十一次修订本（ICD-11）中文版》［J］.医学信息学杂志，2019，40（2）：1.

[4] 里斯，内伯伦特.你的感觉我能懂［M］.何伟，译.北京：机械工业出版社，2023.

[5] 奈米，纳米.职场霸凌：隐形暴力的应对策略［M］.王晓梅，译.北京：中信出版社，2021.

[6] 潘旭明，陈俊，张庆林.基于心理学视角的PUA现象解析.心理科学进展，2019，27（12）:2139-2149.

[7] 乔拉米卡利，柯茜.共情的力量［M］.王春光，译.北京：中国致公出版社，2018.

[8] 桑德伯格.向前一步：女性，工作及领导意志［M］.颜筝，译.北京：中信出版社，2013.

[9] 施慎逊，吴文源.中国焦虑障碍防治指南（第二版）［M］.北京：中华医学电子音像出版社，2023.

[10] 塔瓦布.界限［M］.张蕾，译.北京：中信出版社，2022.

[11] 张明园，何燕玲.现代精神医学丛书精神科评定量表手册［M］.长沙：湖南科学技术出版社，2015.

[12] AQEEL, AHMED, SOOMRO, et al. Relation of work-life balance,

work-family conflict, and family-work conflict with the employee performance-moderating role of job satisfaction[J]. South Asian journal of global business research, 2018, 7(1): 129－146

[13] BADOWSKI R. Managing up: how to forge an effective relationship with those above you[M]. New York: Currency, 2003.

[14] BLANCK P, PERLETH S, HEIDENREICH T, et al. Effects of mindfulness exercises as stand-alone intervention on symptoms of anxiety and depression: systematic review and meta-analysis[J]. Behav Res Ther, 2018, 102: 25－35.

[15] BUSS D M. The evolution of desire: Strategies of human mating. New York: Basic Books, 2016.

[16] Depression and other common mental disorders: global health estimates. Geneva: World Health Organization, 2017.

[17] DRUCKER P F. Management: tasks, responsibilities, practices[M]. New York: HarperCollins, 2008.

[18] GENG Y, GU J, WANG J, et al. Smartphone addiction and depression, anxiety: The role of bedtime procrastination and self-control. Journal of affective disorders, 2021, 293: 415－421

[19] GUO J, MENG D, MA X, et al. The impact of bedtime procrastination on depression symptoms in Chinese medical students. Sleep and breathing, 2020, 24(3): 1247－1255

[20] MASLACH C, SCHAUFELI W B, LEITER M P. Job burnout[J]. Annual review of psychology, 2001, 52(1): 397－422.

[21] World mental health report: transforming mental health for all. Executive summary. Geneva: World Health Organization, 2022.

[22] ZAHARIADES D. The art of saying no[M]. Independently published, 2017.